图书在版编目（CIP）数据

孩子能看懂的地球简史/魏异君著．—武汉：长江少年儿童出版社，2023.10
（我们从哪里来·科学探索书系）
ISBN 978-7-5721-2384-9

Ⅰ.①孩… Ⅱ.①魏… Ⅲ.①地球–少儿读物 Ⅳ.① P183-49

中国国家版本馆CIP数据核字(2023)第096962号

WOMEN CONG NALI LAI·KEXUE TANSUO SHUXI

我们从哪里来·科学探索书系
HAIZI NENG KAN DONG DE DIQIU JIANSHI

孩子能看懂的地球简史

出 品 人：何　龙
策　　划：何少华　傅　篯
责任编辑：黄　凰
责任校对：邓晓素
出版发行：长江少年儿童出版社
责任印制：邱　刚
业务电话：027-87679199
网　　址：http://www.hbcp.com
印　　刷：武汉新鸿业印务有限公司
经　　销：新华书店湖北发行所
版　　次：2023年10月第1版
印　　次：2023年10月第1次印刷
开　　本：720毫米 × 950毫米 1/16
印　　张：9
书　　号：ISBN 978-7-5721-2384-9
定　　价：36.00元

云飞扬

　　男生，12岁，高鼻梁。他出生前，爸爸梦见从水中飘起一团雾气，升到天空形成一片彩云，然后随风飞扬。他爸爸醒来后，便给他取了这个名字，希望他能像那片彩云一样自由活泼。他也的确很活泼，而且思维飞扬，求知欲极强，还超级爱幻想。只是他行为莽撞，是个急性子。

夏语

　　女生，12岁，聪明漂亮，身材修长，有一双特别大的眼睛。她是云飞扬不打不相识的同桌，两人从一年级斗到了六年级，现在却成了好朋友。她也对未知的事情充满好奇，并且热爱学习。

章树叶

　　男生，12岁，是云飞扬的死党。他妈妈特别喜欢樟树，便给他取了这个很特别的名字。他身材高大，却胆小怕事，不爱说话。后来，在云飞扬的带动下，他变得自信起来。

怪博士

　　男性，近60岁，地中海发型，温文尔雅，是位物理学博士。他从事天文、地理和人类学等方面的研究，工作严谨，思维缜密。他非常幽默，爱说笑话，很喜欢小朋友；但行为有些异于常人。

目录
CONTENTS

从宇宙起源，
到地球诞生，
再到人类出现。

　　本套书将世界各国科学家的发现与研究，以孩子们喜闻乐见的方式，进行系统的诠释，让孩子们在阅读中，对深奥的科学知识能读得懂，学得进，记得住，能全面地了解浩瀚而神秘的宇宙，破解星空与地球的密码，知晓我们是从哪儿来的。

　　谨以此书，向那些为人类做出过巨大贡献的科学家、学者和相关人士，致以最崇高的敬意！

　　感谢中国科学院院士、中国月球探测工程首任首席科学家、发展中国家科学院院士、国际宇航科学院院士欧阳自远先生，为这套书的部分内容提出了专业指导意见！

故事前的 故事

自从上周六，听了怪博士讲的那些无比神奇的宇宙知识后，云飞扬、夏语和章树叶回到学校可风光了。因为他们把那些知识都讲给了同学们听，没想到同学们竟然比他们对宇宙知识还要感兴趣。所以一到课余时间，就有很多同学围住他们，要继续听他们讲那些知识。

突然成了焦点人物，这让云飞扬非常开心。他不厌其烦地把从怪博士那儿学到的宇宙知识，包括宇宙是怎样诞生的，宇宙诞生后又经历了哪些演化过程，宇宙中有多少颗星球，银河系是怎样形成的，太阳系又是什么样子，黑洞是怎样产生的，以及外星人的一些信息等，都一遍遍地讲给同学们听。

可他有个毛病：只要讲到这些话题，就滔滔不绝地讲个没完，让夏语和章树叶连插话的机会都没有。

章树叶倒无所谓，他没有那么强烈的表现欲。他甚至觉得有云飞扬那么卖力还挺好的，省得他多费口舌。

但夏语可不乐意，她不想只当观众。当她想插话而找不到机会时，便会气得用脚去踹云飞扬。

云飞扬是那种特别爱表现的人，只要能展示自己，无论夏语怎么踹他，他都不在乎。

他越是不在乎，夏语就越来气，踹他的次数就越多了，力度也更重了。

于是，同学们常常会看到这样一幕：云飞扬讲着讲着，突然龇牙咧嘴，表现出很痛的样子；但过了两秒钟，他又恢复了正常，并继续热情洋溢地讲个没完。

也有一些同学找到夏语和章树叶，要他俩去一边单独给他们讲那些知识。但他俩讲得远没有云飞扬那样激情飞扬，大家又不愿意听了，于是都呼啦啦地跑回云飞扬身边。

看来口才也是一项极其重要的技能，这回夏语和章树叶算是领略到了。他俩都暗下决心，以后要在这方面多锻炼自己。

经过比较，夏语觉得自己的口才真不如云飞扬，所以就不再去与云飞扬争了。云飞扬也意识到自己这样挺不好的，于是后来在给同学们讲那些知识时，都会留出一些机会，让夏语和章树叶插话。

三人通过碰撞与磨合，又和谐了起来，夏语也不再踹云飞扬了。

或许是宇宙知识太吸引人了，同学们总也听不够。有些知识都讲过几遍了，可同学们还要他们重复地讲。

重复讲也有一个好处：让大家对那些知识都理解得更深透了。

看来对有些事情真不要嫌麻烦，像这样的"麻烦"往往会让人受益匪浅。

时间过得真快，转眼又是几天。这对三个孩子来说，意味着与怪博士约定的时间就要到了。他们都非常激动：马上就可以听到怪博士讲地球知识了！

尽管怪博士说，这回不用再带好吃的去。但上周的经验告诉他们，那些好吃的的确能起到很大作用，所以他们还是决定要带一些去。

他们还商量好，这回带的东西，要与上次的不同。

夏语觉得，世界上第二好吃的零食是巧克力。它们香甜滑润，能让人产生好心情。所以，她决定带一盒巧克力去给怪博士吃。

章树叶觉得，世界上第二好吃的零食是香辣鱿鱼丝。它们海味浓浓，丝丝芳香，能让人食欲大开。所以，他决定带一包香辣鱿鱼丝去给怪博士吃。

而云飞扬觉得，世界上第二好吃的零食是盐焗腰果。它们酥脆可口，越嚼越有味道，怎么吃都不会腻。因此，他决定带一包盐焗腰果去给怪博士吃。

周六这天早上，云飞扬的爸爸开车带着云飞扬，接上夏语和章树叶，按照约定前往怪博士的单位。

因为已是轻车熟路，所以很快就到了。

大家也都熟悉了，不需要客套，一切都照上次的样子来。云飞扬的爸爸将三个孩子交给了怪博士，寒暄几句后就回去了。

怪博士把三个孩子带到上次的那间屋子里，依旧让他们按原先的座位坐下。

三个孩子一坐下，便都兴奋地把带来的零食找出来递到怪博士面前。

怪博士本来不想收，但想想这些好吃的确实能给孩子们提提神，所以也就收了下来。

他将这些零食拆开包装，混在一起，然后分成四份，在每人面前放了一份。

马上就能听到无比期待的地球知识，而且面前还放着一堆好吃的零食，这让三个孩子的心情都好极了。

孩子们重新坐定，看见屏幕上显示出几个大字——地球的形成与演化过程，他们对地球知识的渴求和期待溢于言表。

怪博士敲动面前的手提电脑键盘，在屏幕上切换出即将要讲的内容，然后对孩子们说道："今天我给你们讲的是地球知识。我要把地球是如何诞生的，地球自诞生以来经历了哪些演化过程，地球上的水和土是怎么来的，地球上的生物是怎样出现的，地球上现在有多少个国家和人口，地球上有多少种动物和植物，地球的未来将会怎样等一系列与地球相关的知识讲给你们听。请你们和上次一样，要严格遵守课堂纪律。"

三个孩子异口同声地回答道："唐爷爷，我们一定会遵守课堂纪律的！"

随后，三个孩子都拿出了笔和本子，准备认真地听课和做笔记。

① 地球的诞生
很神奇

怪博士正式开讲了！

我们的地球，是一颗非同一般的星球。它可能是整个浩瀚无垠的宇宙中，最神奇、最特殊、最美妙的星球。

它也是目前已知的宇宙空间中，唯一一颗存在智慧生命的星球。

虽然我们都生活在这颗星球上，但我们对它又了解多少呢？可能还是"不识庐山真面目，只缘身在此山中"吧！

如果我们对自己居住的地球都不够了解，那真是一件不应该的事情啊！

所以，我们需要了解这颗承载着我们生命的星球，弄清它的来龙去脉，以及它现在是什么样子。

那么，地球是怎么出现的呢？

关于这个问题，还得从太阳诞生时说起。

正如上周在宇宙知识课中所讲的那样，太阳大约是50亿年前诞生的。

太阳诞生后，在它的周边，还残留着许多的星际尘埃。那些

星际尘埃在太阳的引力作用下，围绕着太阳快速地旋转，呈现出圆盘的形状。

忽然有一天，一件无比神奇的事情发生了。在那些星际尘埃中，有一个细微颗粒，也同太阳诞生时那样，通过不断地碰撞和吸附，将身边的尘埃颗粒都凝聚到自己的身上。

它异常勤奋，吸附的物质越来越多，体积迅速地壮大。

在体积大到一定程度后，它又获得了强大的引力。有了强大的引力，就能把更远的物质也吸附到自己的身上。

经历了 3 亿多年的时间，它用这样的方式，最终将自己运行轨道上的所有物质，都吸附凝聚到自己身上了。它也由一个细微颗粒，成长为一颗巨大的星球。

于是，大约在 46 亿年前，地球就这样诞生了！

它的出现，为宇宙增添了无限光彩。

这件事情告诉我们，不管自己现在是多么渺小，只要能坚持努力学习，将来就有可能成为一个拥有广博知识的"巨人"。

地球诞生之初的样子，与现在是完全不同的。

当它的体积增长到一定程度后，它内部的高温物质就开始发生爆裂与熔炼——它通过这样的方式，将那些吸附在自己身上的外来物质进行融合，与自己结成一个牢固的整体。

那个时候，宇宙中有很多的星球都处于形成阶段，所以有很多的流浪天体在四处游荡。

由于引力已经足够大了，地球便将那些较近的流浪天体都吸引了过来。因此，在长达 3 亿年的时间里，每年都有大量的外太空天体撞击地球。

那些撞向地球的外天体，进一步加剧了地球的爆裂与熔炼，从而让地球的表面成了爆炸频发的火海。到处是冲天的火光，遍地是横流的熔岩，星体表面温度高达约 1200℃。

那时月球还没有诞生，地球非常孤独。它就像一位无比勇猛的战士，将生死置之度外，只顾每天与那些不断飞来的外天体进行抗争。

地球的形状一开始也不是圆的。而且地球上面还没有氧气，只有二氧化碳和一些水蒸气。它的自转角度也极不稳定，每天都摇摇晃晃、动荡不安。现在地球能够变得如此美丽，是经历了后来几次重大演化的结果。

在地球诞生的同时，太阳系还有另外 7 个细微颗粒，在它们的运行区域中勤奋地"劳作"。它们最终都和地球一样，成了一颗颗巨大的星球，从而共同组建成为太阳系中的八大行星。

地球是太阳系中第三靠近太阳的行星，并有一颗卫星，即月球。

地球与太阳的平均距离大约 1.5 亿千米，正是这个极巧的距离，才使地球接收太阳的光所产生的平均温度大约为 15℃。这样的温度，是最适合生命孕育的，所以地球才创造了如此繁荣的生命体系。

地球的平均直径约为 12756 千米，表面积约有 5.1 亿平方千米。它以约 30 千米 / 秒的速度围绕着太阳公转，同时也不停地自转。公转一周，大约需要 365.25 天，这就是我们一年的时间；自转一周，大约需要 23 小时 56 分 4 秒，这就是我们一天的时间。

三个孩子听到这儿，都非常吃惊：原来地球是这样诞生的！早期的地球，竟是这个样子！

地球

云飞扬想：如果回到从前，每天都有无数颗外天体撞击地球，那是一件多么可怕的事情啊！

他的脑海里浮现出这样一番景象：他每天走在上学的路上，还要时时刻刻地观察天空，看有没有外天体飞来；他走路也得走"S"形，随时要准备躲避那些突然飞来的"天灾"；久而久之，他走路竟然变得如同蛇行，而且速度极快，像是能够瞬间转移一样。

② 月球的诞生 很美妙

怪博士继续讲课。

月球又是怎么诞生的呢？ 它的诞生过程超级美妙！

大约在地球诞生 3000 万年后，突然有一颗外星球，以每小时约 4000 千米的速度，猛烈地撞向地球。

人们给那颗撞向地球的外星球取了一个很美丽的名字，叫"忒伊亚"。它是一颗非常年轻的星球，体积大约与火星一样大。它充满活力，绚丽奔放。它就像是遇见了久别的亲人，以无比的热情，投向地球的怀抱。

那次撞击所产生的威力，相当于 6 万亿颗原子弹同时爆炸的能量总和。

幸好忒伊亚星球是斜着撞向地球的，没有把整个地球撞碎。但它把大约 70% 的地球表层物质撞飞，把本就火山遍地的地球撞得愈加熔岩横流，如同一片红色海洋。

那颗忒伊亚星球自己同样被撞得面目全非：外部组织都成了碎片，和地球外壳碎片一道，飞入了宇宙空间。

而它的主体结构撞进了地球内部，经过地球的熔融，与地球成为一体。

虽然这次撞击使地球失去了大部分外壳，但地球也在撞击中"受益匪浅"。因为忒伊亚星球的铁元素都沉到了地球的核心，使地球的铁元素增加了近一倍。

那些铁元素在地核内，不断地进行转化，从而产生了一种无比巨大的能量。后来地球上发生板块运动，就是那些能量在起作用。地球正是因为有了那些能量，才创造出如此多样的地理环境，演化出如此庞大的生命体系。

这一能量在目前已知的宇宙星体中，只有地球拥有。所以我们也没有发现，还有哪颗星球的繁荣程度可以与地球相媲美。

另外，那些被撞飞的地球外壳碎片和忒伊亚星球碎片，在太空中混合到一起，形成了一道无比壮观的尘埃环。在地球引力的作用下，这道尘埃环围绕着地球飞速地旋转。

突然有一天，又一个奇迹发生了。在这道尘埃环中，也有一块碎片像地球诞生时那样，不断地将周围的碎片吸附到自己身上，使自身的体积迅速地壮大。

经过了 2000 多万年的时间，在约 45.5 亿年前，那块碎片竟然将自身运行轨道上的所有物质，都吸附凝聚到了自己身上，它也从此成长为一颗全新的星球，即美丽动人的月球！

月球的诞生，多么具有传奇色彩呀！

由中国月球探测工程首席科学家欧阳自远院士所带领的科研团队研制的嫦娥五号月球探测器，于 2020 年 11 月 24 日成功发射升空。嫦娥五号不仅获取了全方位的月球图片，还实现了绕月飞行、着陆月球和返回地球等一系列科学工程。从嫦娥五号带回的月球土壤样本中，欧阳自远院士测出了与地球比率相同的同位素。这也为"地月相撞"理论找到了可靠依据。

所以说，地球的一部分，可能来自月球的前身忒伊亚星球。而月球的一部分，可能来自地球。地球与月球之间，可能存在着分割不断的"血肉至亲"关系。

中国人常把月球比作"嫦娥"，所以我们也可以将月球称为地球的"女儿"。

地球有了这位"女儿"后，便不再孤单了，因为这位"女儿"一直陪伴在自己的身边。

月球在诞生初期，距离地球非常近，地月距离大约只有 2.2 万千米，要比现在近得多。

在当时月球的引力作用下，地球的自转速度变得特别快，自转一周大约只需要 6 个小时，所以那时地球上的一天非常短。

好在月球形成后，便通过引力将地球自转轴的倾斜度牢牢地锁定在了 23.5° 这个角度上。从此，地球的运行变得非常稳定，再也不会摇摇晃晃了。地球还因此出现了一种非常奇妙的现象：竟然有了一年四季的更替变化。

很美妙

不过月球一直在以每年大约 3.8 厘米的速度，逐渐地远离地球。它们之间的距离在不断地拉开。

也正是因为月球渐渐远去，地月间的引力作用减弱，地球的自转速度才缓缓地慢了下来。现在月球距离地球大约已有 38.44 万千米，地球的自转速度，也从以前的一天 6 个小时，变成了现在这样长的时间（约 23 小时 56 分 4 秒）。

现在的时间长度，正好适合我们生活作息。

随着月球的继续远离，我们每天的时间还在拉长。或许几亿年后，地球每天的时间，会超过 30 个小时。

月球的直径约为 3476 千米，公转和自转一周，大约都是 27.3 个地球日。因此，即便是在晴朗的夜晚，我们每月也有几天是看不到它的身影的。

月球表面的平均温度约为 23℃，比地球表面的平均温度还要高一些。

月球上面没有水，但有冰存在。它由于质量较小，没能产生大气。所以在月球上说话，是听不见声音的。

月球的结构与地球相似，由月壳、月幔和月核三部分组成。

月球除了锁定了地球自转轴的倾斜度外，还对地球有哪些影响呢？影响主要还体现在三个方面：

一是对地球潮汐的影响。我们每天看到大海潮起潮落，那就是月球的引力在起作用。它对推动海水流动，促进海洋生物生长，

都有很大的帮助。

二是对地球大气的影响。在月球的引力作用下，地球大气的最外层会产生一些"大气潮"，从而加速地球大气的流动。

三是对其他生物的影响。地球上有很多夜行动物，它们都需要借助月光在夜间繁衍生息。地球上的很多植物也需要借助月光在夜间生长。

月球也有很神秘的一面：我们只能看到它的半边；而它的另一边，总是羞答答地不肯见人。

这是什么原因呢？

其实这与地球有着密切的关系。由于月球距离地球还是太近，所以它被地球的引力紧紧地"锁定"了，根本无法转过身来。

原来地球也是一位"霸道总裁"，竟然牢牢地"管控"着月球。

月球在中国古人的心中，有着非常重要的地位。中国古人为它取了很多好听的名字，比如玄兔、婵娟、玉盘等；还为它写出了许多美丽动人的故事和优雅高洁的诗词。中国古人似乎无论对它怎么描述，也表达不尽对它的爱。

月球还是一位坚贞的卫士。这么多年来，它一直舍生忘死地保护着地球，用自己的身体阻挡了无数颗冲向地球的外天体。虽然已伤痕累累，但它从未退缩。现在地球能如此平安祥和，真要好好感谢月球！

云飞扬听到这里，突然站起来对着银幕上的月球图片深深地鞠了一躬。

他的这个举动，把在场的人都搞蒙了。反应过来后，大家都哈哈大笑起来。

随后，他又问道："唐爷爷，有多少人登上过月球哇？"

怪博士回答道："从1969年美国的'阿波罗计划'开始，到2020年为止，先后已有12人登上了月球。月球也是迄今为止，人类唯一踏上的外太空星球呢！"

月球

　　云飞扬想：自己长大后，能不能也成为登上月球的人呢？

　　他的脑海里浮现出这样一番景象：他开着一艘宇宙飞船登上了月球，并在月球上建造了一座大房子作为太空旅馆，每天都有很多探月者前来，住进他的太空旅馆。

16

大演化第一阶段：进入 "火球时代"

我们的地球自诞生以来，到变成今天的样子，经历了哪些重要的演化过程呢？ 根据科学家的研究推断，地球大约经历了 5 个阶段脱胎换骨、涅槃重生般的大演化过程。

地球第一阶段的大演化过程，大约发生在 46 亿至 40 亿年前，时间跨度长达约 6 亿年。

那个时候的地球，经历了从无到有、从小到大、从冷到热的诞生过程。

在这一过程中，地球通过最早期的冰晶凝结方式，将身边的物质都吸附到自己的身上。在体积大到一定程度后，它内部的高温物质便开始发生爆裂与熔炼。随着地球体积的不断壮大，那样的爆裂与熔炼变得愈加剧烈。后又遭到忒伊亚星球的撞击，地球因此几乎成了一颗大火球，表面火光冲天，熔岩如海。地球从此由最早的冰晶凝结时期，开始进入"火球时代"。

在这个阶段，地球得到了一次很好的大改造，完成了三个方面的大变化。

一是让自身成长为一颗体积和质量足够大、引力足够强的星球。它以自身的能量，清空了运行轨道上的所有其他天体，并将它们彻底地与自己融为一体。

二是将自身的重元素都下沉到核心部位，从而形成了地球的三层结构，分别是：平均厚度约 17 千米的地壳，平均厚度约 2865 千米的地幔，以及半径约 3470 千米的地核。

三是通过快速的自转，将自己尚处于软体状态下的形体，成功地转成了一个球形，从而达到了一颗行星的标准——专业术语叫作"静态流体平衡"。这一变化，也为它后来成为太阳系中的八大行星之一奠定了基础。

三个孩子听到这儿，都对地球这个阶段的大演化有了很深刻的了解。原来，地球经历了一个如此壮丽的"火球时代"；竟然是通过"转圈"的方式，将自己变成球形的；竟然有那么厚的地壳和地幔，以及硕大无比的地核！

火球时代

人物冒泡

　　云飞扬想：如果人快速地转动，会不会也变成球形呢？

　　他的脑海里浮现出这样一番景象：

　　他和很多同学在操场上快速转动，结果都变成了球形。大家走路再也不需要用两只脚了，可以滚过来、滚过去。这种"行走"的方式比用脚走路快好多倍，大家能在1分钟内"走"出上千米远。

　　只是用这种方式滚来滚去，滚久了会晕头转向，辨不出东南西北。有很多同学都滚到水沟里去了，结果啃了一嘴淤泥，被熏得叫苦连天。

4

大演化第二阶段：进入
"水球时代"

地球第二阶段的大演化过程，大约发生在 40 亿至 26 亿年前，时间跨度长达约 14 亿年。

在"火球时代"，由于每年都有无数的外天体撞击地球，那时的地球，不仅到处火光冲天、熔岩横流，而且还震荡不安，仿佛快要毁灭一般。

事情往往都是这样：每当最危险的时刻，便会出现新的转机。

那些外天体在撞击地球时，还带来了一些重要的物质——大量的冰和雪。这些冰和雪，与地球上原有的大量水分子一道，都被火球时代地球上的热量蒸发到天空，形成大雨，落回地面。

紧接着，这些雨水再次被炽热的地表蒸发到天空，并又一次形成大雨，浇回地面。这种火与水的较量循环上演，持续了数百万年。

后来，雨水愈战愈勇，愈下愈大，最终战胜了火，将如火海一般的地球表面彻底浇灭了。从此，地表开始慢慢地冷却了下来。

虽然地表没有了火光，但大雨不仅没有停止，甚至还更加疯

狂，越下越大了。倾盆大雨没日没夜地下，昏天黑地地下，毫无止境地下，结果导致大水泛滥，最后竟然将整个地球深深地淹没在大水当中。

从前那个火光冲天、"脾气暴虐"的地球，似乎被大水彻底征服了，没有了一点脾气，任由大水浸泡了起来。地球从此由"火球时代"，开始进入"水球时代"。

如果地球也有意识，肯定会为此感到委屈。

也由于那时候月球离得太近，在月球的引力作用下，地球上每天都刮起超级飓风。那些飓风所到之处，会卷起几百米甚至上千米高的滔天大浪。那场面，真是惊心动魄，令人毛骨悚然！

不过在这个阶段，水的出现让地球又得到了一次非常好的大改造，从而完成了两个方面的大变化。

一是让沸腾的地表从此冷却了下来，并形成了一层厚厚的地壳。有了这层地壳的保护，地核中的那些熔岩流，就无法恣意地冲到地面，从此地表安定多了。

二是雨水淹没了地球，形成了海洋，这给生命的孕育创造了条件。有了这个好条件，地球似乎一刻也没有耽搁，一项伟大的生命工程，悄然地拉开了序幕。

大约在 40 亿年前，一种极其简单的单细胞类生命体，突然奇迹般地诞生了！

它是一种古生菌。它可能是地球上所有生物的始祖，当然，

也包括我们人类。

古生菌诞生后，地球生物浩浩荡荡的进化史便正式开启了。

由此可见，水是多么重要。如果没有水，地球生命无从谈起。所以说，水是一切生命的源泉。

说到水，让我们来探讨一下这种神奇而有趣的物质吧！

其实，水不仅能孕育和滋养各种生命，还能像孙悟空一样上天入地，产生各种奇妙的变化：

它本身是由氢和氧构成的无机物液态体，无色、无味、无毒，但有时会甘甜。

如果把它加热到100℃，它会变成气体，婀娜多姿地升上天空，形成曼妙的云彩，或者忽然消失得无影无踪。

如果把它冷却到零摄氏度以下，它会变成坚硬的固体。这种固体厚到一定程度，甚至能承载汽车在上面跑动。

如果把它倒在地上，它会立即遁入土中。

如果给它加入"配料"，它会变成各种颜色，散发出各种气味。

它还有细嫩的皮肤——如果将一滴水放在树叶上，它会在树叶上滚动；如果是在水塘里面，它的皮肤能够撑起一只小虫子在上面爬行；它的皮肤可以独立存在，也可以随时与其他的水融合到一起。

它看似柔弱无力，却能穿金断石。

它平静时温顺安泰，一副与世无争的样子；但暴虐起来，也能卷起滔天大浪，顷刻之间摧毁一座城市。

世界上的所有生物，包括我们人类，都可以说几乎是水做的，因为生物体内都含有大量的水。我们人类的身体大部分是水，如成年人的身体有大约70%是水。我们可以3天不进食，但不可以3天不饮水。

现在地球上有多少水呢？大约有13.86亿立方千米。虽然有这么多的水，但它们绝大部分都是很咸的海水，淡水仅占约3%，而人类可利用的淡水，不到淡水总量的1%。所以淡水资源还是非常稀缺的。地球上还有很多地方淡水资源十分匮乏，因此我们一定要注意节约用水，好好地保护淡水资源。

我们今天所饮用的水，可能都是40亿年前产生的。能够饮用这么古老的水，这也是一件非常神奇的事情吧！

另外，在"水球时代"，地球磁场大约于34.5亿年前形成了。从此，地球上的生物有了一道无形的保护层。

再后来，大约在26亿年前，地球上还发生了一次大冰期。那是地球历史上的第一次大冰期，史称"新太古代大冰期"。由于当时地球上的生物都还处于原始状态，所以这次大冰期并没有产生太大的影响。

听到这儿，三个孩子都感到非常震惊：原来所有生物的始祖，竟然可能是同一种古生菌，而且它那么早就诞生了。

云飞扬对水的知识也产生了浓厚的兴趣，见怪博士停顿下来，

于是问道："唐爷爷，为什么海水是咸的呢？"

怪博士答道："其实所有的水，都含有一定的盐分，只是含量有所不同而已。早期的海水也没有那么咸，是在后来的几十亿年中，地球上的江河不断地把自身水道中的盐分带到了海里，再加上海底的火山喷发和岩石溶解也在不断地产生盐分，久而久之，海水才变得这么咸。随着时间的推移，以后的海水还会变得更咸。"

"还有一些地方的湖水也是咸的。那些湖里的水通常长年流动不畅，还经常因气候而干涸，湖里的盐分长期囤积，湖水才因此变咸。"怪博士补充道。

人物冒泡

云飞扬下意识地摸了一下自己，心想：没想到自己竟然是由古生菌进化而来的。

他的脑海里浮现出这样一番景象：

他正在用显微镜观察一个细菌，忽然见它翻了个跟头，变成一个人站在他面前。他吓得一声尖叫，跳起几米高，结果撞到房顶上，还把房顶撞出一个大窟窿，阳光从那个窟窿里照了进来。

水球时代

5

大演化第三阶段：进入 "地理环境多样化时代"

　　地球第三阶段的大演化过程，大约发生在 25 亿至 9 亿年前，时间跨度长达约 16 亿年。

　　地球在被大水淹没了大约十几亿年后，也就是大约 21 亿年前，终于觉醒了。它似乎已经躁动不安，忍无可忍，不断地从水下冒出一股股炽热的气体。

　　突然有一天，地核中的那股巨大能量，以一种势不可当的姿态冲破地壳，向外喷涌，从而推动了一次超大规模的板块运动。

　　或许在此之前，地球上就已发生过多次板块运动，但规模都相当较小。这次板块运动十分剧烈，有大量火山口从水中冒出，火山熔岩越堆越高，慢慢地在海洋中形成了一座座岛屿。这些火山岛屿相连，逐渐构建起陆地。

　　在此之前，地球刚刚经历了一次大氧化事件。或许这次板块运动进一步促使地球生物有了一次绚丽的大变化。那些延续了 10 多亿年的单细胞生命，神奇地进化出了多细胞生命。

　　这种奇迹的出现，让地球生命的进化进程向前迈出了一大步，

开始从简单的生命体，向更复杂、更有活力的生命体演进。

地球板块运动进行了几亿年后，终于在大约18亿年前，创造了地球上最早的一块辽阔大陆——哥伦比亚超大陆。

那个时期的大陆还没有泥土，更没有植物和动物。裸露在地表上的，全是坚硬的火山岩石。

哥伦比亚超大陆形成2亿多年后，地球又开始了第二次大规模板块运动。这一次，巨大的地核能量冲破了哥伦比亚超大陆，将它分割成若干个小板块，在海洋上漂移。

那些漂移的大陆板块，在海洋上兜了一圈风后，于大约11.5亿年前重新合拢，组成了一块新的超级大陆——罗迪尼亚大陆。

这个时候，海洋中已经出现了大量的藻类。

而且海洋中的一种蓝细菌，大约在35亿年前，就开始做一件很神奇的事情：它们不断地利用阳光进行光合作用，即把二氧化碳和水转化成营养物质。在这一过程中，非常奇妙地产生了一种很特殊的气体——氧气。

经历了漫长的辛勤劳作，众多蓝细菌竟然在海洋中制造出了大量的氧气。多余的氧气飘出海洋，升到天空，开始一点点地改变地球环境，让地球环境得到不断的优化。

当地球环境优化到一定程度后，又一件大事发生了。大约在6.5亿年前，多细胞生命再次有了重大突破：竟然进化出了地球上最早的多细胞动物，一种如海绵体般的生命体，它们可以开始微

弱地运动了。

从此，地球上的生命有了全新的变化。

那个时候的月球，距地球已有十几万千米远。地球的自转速度因此慢了许多，一天大约有 18 个小时。

而且那时的地球，气候也变得温和湿润，非常适合生命繁衍。

在这一阶段，地球再次得到了很好的大改造，并完成了两个方面的大变化：

一是通过板块运动，开始拥有广阔的陆地，先后出现了哥伦比亚超大陆和罗迪尼亚大陆；同时，构造了众多的高山、盆地、岛屿与海洋浅滩。地球从此由"水球时代"，开始进入"地理环境多样化时代"。

二是蓝细菌长时间的造氧运动，终于让海洋内和陆地上，都有了丰富的氧气。正是有了那些氧气，才使多细胞生命进化出了最早的可运动的生物，从而使地球生命的演化进程再次向前迈出了一大步。

三个孩子听到这儿，终于知道了：原来地球上的大陆是以这样轰轰烈烈的方式形成的；地球上最早的生命体，居然经历了这样一次神秘莫测的进化过程；而我们赖以生存的氧气，竟然是通过蓝细菌的"劳作"制造出来的！

地理环境多样化时代

夏语想：地球上最早的哥伦比亚超大陆是什么样子呢？

她的脑海中浮现出这样一番景象：

她来到了那个古老的哥伦比亚超大陆，大陆上全是一块块灰黑色大岩石，既没有泥土，也没有树木、花草，只有肆虐的狂风在呼呼地吹。她一不小心，竟被那儿的狂风吹得飞了起来，吓得在空中大哭大叫。

正当感到绝望的时候，她突然发现，自己不知何时已经安全降落在了一座山的山顶上。那山顶上有一口水池，她对着水池一看，发现自己的脸也被吓成了灰黑色，居然和那儿的石头成了一个颜色！

29

大演化第四阶段：进入 "海洋生物大发展时代"

地球第四阶段的大演化过程，大约发生在 8.5 亿至 3.6 亿年前，时间跨度长达约 5 亿多年。

那时，之前形成的罗迪尼亚大陆，又于大约 7.5 亿年前被地核能量冲破，形成了很多小板块，向四处漂移。

这次地球板块运动进行得异常剧烈，无数股强大的热能流从不同的地方冲出地壳，导致大面积火山爆发，地球表面震动不安，沸腾的熔岩四处流淌。

由于火山口众多，大量的二氧化碳排放到空中，将蓝细菌几十亿年辛苦创造的良好大气环境几乎破坏殆尽。二氧化碳与大气中的水分子结合后，还形成了大量的酸雨落到地面。那些酸雨被地表的岩石吸收，混合在酸雨中的二氧化碳也同时被吸收，从而导致空气中的二氧化碳严重流失。

天空中没有足够的二氧化碳，就无法保留太阳送来的热量。由于长时间处于这种状态，地球的温度开始不断地下降，结果降到了 -50℃左右。

地球从此进入第二次大冰期。这是地球上有史以来最寒冷的一次大冰期，这个时代也因此被称为"雪球时代"。

这个无比寒冷的"雪球时代"，前后持续了约1.7亿年。

那个时候的地球，几乎成了一颗冰球。无论是海洋还是陆地，都被厚厚的冰层所覆盖。

寒冷不断地加剧，致使南极和北极的冰层，都被一种无比强大的力量挤压着推进，最后在赤道附近会合。于是，那里便形成了一道无比壮丽的景观——一堵高达3000多米、如群山峻岭般辽阔的冰墙。

那堵又高、又厚、又宽广的冰墙，宛若一堵不可逾越的"天墙"，硬生生地将那个被冰雪覆盖的世界分成了两半。

由于白色的冰雪会将阳光反射回去，很难积蓄热量，所以那些冰层很难融化。那堵冰墙，最终竟然保持了大约1500万年。

后来，气候终于有了改变，大气开始蓄热，冰层渐渐消融。

或许是地球经历了如此长时间的冰雪封冻，使大气得到了彻底净化，有毒气体都被清除干净了，所以在这次气候的回暖过程中，地球发生了一系列的奇妙变化：水质变得更加洁净，空气变得更加清爽，氧气含量飙升，臭氧层形成，从而再度促成了一件大事的发生。

大约在5.4亿年前的寒武纪早期，海洋中忽然出现了生物大爆发现象，各种各样的生物都在那一期间，如魔幻般地在海洋中

涌现了出来。

根据古生物学家的考古研究，那时海洋里的生物种类，达到了一万多种。地球从此由"地理环境多样化时代"，经历了"雪球时代"，开始进入"海洋生物大发展时代"。

那时的地球陆地上，也发生了很大的变化。以前裸露在地表的岩石，经过十几亿年的热胀冷缩和风吹雨打，尤其是早期的酸雨侵蚀，已产生了一些泥土。

大约 4.7 亿年前，海洋中一些苔藓植物开始登陆上岸，在这些岩石表面和泥土中生长。大约 4.3 亿年前，一些维管植物也开始登陆上岸，将植物登陆推向高潮。此后几千万年，早期陆生植物开始分化并占领广阔的陆地，初步构建起了陆地生态系统。

这个生态圈的构成，再次为地球生物创造了一次大演化的良机。自然界的生物，都非常地珍惜每次良机。大约在 3.75 亿年前，一些鱼类以鳍当脚，开始离开水域，登陆上岸，成为最早的两栖动物。

在那个阶段，地球再次得到良好的大改造，并完成了三个方面的大变化：

一是通过"雪球时代"，将地球上的大气、水和土地等，都进行了优化，清除了有害物质，使其变得更加优良。

二是在"雪球时代"的回暖过程中，地球大气中的含氧量出现了飙升，这为生物进一步演化，创造了非常良好的条件，从而促

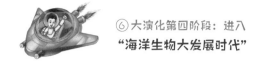

成了寒武纪生物大爆发事件。

三是地球大气中，还形成了一道厚厚的臭氧层，这为海洋生物走向陆地，提供了安全保障。

不过在这一时期末，还发生了一次大冰期，即大约在 4.4 亿年前的第三次大冰期，被称为"早古生代大冰期"。那次冰期虽然也有很多的陆地和海洋被封冻了，但没有形成覆盖全球的大冰层。

三个孩子听到这儿，都非常吃惊：原来在那个阶段，地球上竟然发生了那么多的大事。先是板块运动导致地球上大面积的火山爆发，后又发生了那样严重的大冰期，整个地球都被冰雪所覆盖。而且一切都得到了更好的反转，还突然出现了寒武纪大爆发现象。

他们终于知道了，原来陆地上的泥土竟然可能是那样产生的。陆地上的动物，也可能是在那个时候从水域登陆上岸的。

夏语也想到了一个问题，见怪博士停顿下来，于是问道："唐爷爷，地球的大气中，含有哪些成分呢？"

怪博士答道："大约含有 78% 的氮，21% 的氧，以及 1% 的其他成分。另外，地球大气还分为 5 层。

"第一层是对流层。对流层的对流运动十分显著，我们所需要的氧气和水分，几乎都聚集在这一层。厚度在赤道地区 17~18 千米，中纬度约 12 千米，两极约 8 千米；夏季厚而冬季薄。我们平

时所看到的风、雨、雷、电、霜、露、雾、云等，都是在这层大气中产生的。

　　"第二层是平流层。在平流层的大气中，有很多的臭氧。大气中的臭氧层，几乎都堆叠在平流层中。平流层指对流层顶以上到离地面约 50 千米的大气层，平均厚度约为 40 千米。平流层的气体流动十分平稳，空气盛行水平运动，所以很多飞机都选择在这一层飞行。

　　"第三层是中间层。指平流层顶上到离地面约 85 千米的大气层。如果在地球的高纬度地区看到有夜光云现象，那就是在这一层中产生的。

　　"第四层是电离层。离地面的高度约从 60 千米开始伸展至 1000 千米以上（电离密度较高的几层分布于离地面 60~500 千米之间）。在这层大气中，在太阳光（主要是紫外线）照射下，高空气体分子电离为正离子和自由电子，能够让无线电波产生各种反射，并改变传播速度。

　　"第五层是逃逸层，又称外逸层、散逸层。这一层的空气已非常稀薄，还有很多外层的大气向星际空间飘散。距离地面 500 千米以上。"

海洋生物大发展时代

云飞扬想：原来大气中还分这么多层啊！如果每层都去体验一下，会产生什么样的感受呢？

他的脑海里浮现出这样一番景象：

他们三个孩子坐着热气球升向天空。当升到对流层时，他们都被那儿的雷电震得头昏脑涨。当升到平流层时，他们又被那儿的臭氧熏得喘不过气来。当升到中间层时，他们也被那儿绚丽的云彩眩得睁不开眼睛。当升到电离层时，他们好像感觉到有许多的电波在身边飞动。当升到逃逸层时，他们似乎被一种神奇的力量，拽着飞向太空。他们都被吓得狂叫起来，扯着嗓子喊救命，可是地球上没有人能听见他们的喊声，急得他们直瞪眼。

大演化第五阶段：进入
"陆地生物大发展时代"

地球第五阶段的大演化过程，大约从 3.5 亿年前到今日。

之前分裂出去的罗迪尼亚大陆的若干个小板块，在海上漂了一圈后，似乎又有了"思乡之情"，于大约 3 亿年前重新回归合拢，再次形成了一个新的超级大陆——盘古大陆。

这次地球板块运动，同样进行得异常剧烈，从而引起了更为广泛的火山爆发。

那时的地球上空，都是遮天蔽日的滚滚浓烟，有毒气体充斥天空，臭氧层再度遭到严重的破坏。太空中的伽马射线直接照射地球，导致地球上的生物，遭受了有史以来最严重的一次劫难。这次劫难险些让地球上的生物全部灭绝。

幸好还有一小部分幸存了下来，否则今天的世界，就会是一片荒凉，没有任何生机。

但是，那刚刚合拢的盘古大陆，在大约 2 亿年前再次躁动起来。地核中巨大的能量，又开始不断地冲击地壳，使地球在很长一段时间内，都处于地动山摇的状态。

大约在 1.8 亿年前，有一股无比强劲的地核能量，以天崩地裂之势，将庞大的盘古大陆从中切开。盘古大陆被切成了两半，南边的那块大陆，被称为"冈瓦那大陆"；北边的那块大陆，被称为"劳亚大陆"。

大约在 1.4 亿年前，这两块大陆再次被地核能量分割成几块，然后分别向海上漂移。

大约在 5500 万年前，这一轮地球板块运动又活跃起来。北美洲和格陵兰岛，开始从欧洲板块中撕裂断开，并形成各自独立的板块，向西漂移。

古印度板块也从遥远的海域，徐徐地漂向欧亚大陆，然后猛烈地撞击欧亚大陆，最后与欧亚大陆紧紧地连在了一起。这次撞击还在中国境内挤压出了一块无比壮阔的青藏高原，并在中国的边疆创造了一条世界上最雄伟高大的、全长大约 2450 千米的喜马拉雅山。

这次前后长达 1 亿多年的地球板块运动，大约分成三个阶段进行，最终将地球塑造成现在的样子。从此地球不仅有了众多的大陆，还有了无数的岛屿。

在这个阶段中，地球又得到了一次很好的大改造，并完成了两个方面的大变化：

一是这次地球板块运动，增加了更多的陆地和岛屿，海岸线得到了延长。这给那些需要在浅滩处生长的海洋动物，提供了更

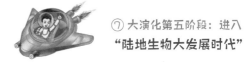
多的生存空间，从而进一步促进了海洋生物大发展。

二是陆地面积增加，区域分布变广，为陆地生物多样化发展，创造了良好的天然条件。所以在这一期间，陆地生物出现了前所未有的大发展趋势，先后衍生出了几百万种新物种，其中就包括恐龙和我们人类。

从此，地球由"海洋生物大发展时代"，开始进入"陆地生物大发展时代"。

可能在不久的将来，地球上还会再增加一个新大洲，即第八大洲。这个新大洲的名字，可能会叫"新西兰大洲"。那儿已有很多的陆地正在慢慢浮出水面。现在已浮出水面的，有新西兰南岛、北岛和法国新喀里多尼亚等陆地。

不过在这一阶段，地球上又发生了一次大冰期，即大约3亿年前的第四次大冰期，被称为"晚古生代大冰期"。这次冰期的持续时间，大约也有8000万年。

三个孩子听到这儿，终于知道了我们今天的大陆板块是怎样形成的。原来地球到达这一阶段，才是陆地生物最好的发展时代。而且我们的地球，竟然反反复复经历了那么多次的板块运动。

见怪博士停顿下来，章树叶也问道："唐爷爷，现在漂移出来的那些大陆板块，还会不会重新合拢，创造出一个新的超级大陆呢？"

怪博士答道："根据地质学家的研究推算，地球板块运动，似乎有一种很明显的规律，大约每隔几亿年，就会出现一次从分离到合拢的过程。现在分离出去的盘古大陆板块，预计会在大约 2.5 亿年后重新合拢。到那时，地球又将在经历一次剧烈的震荡后，形成一块完整的超级大陆。

"最早提出超级大陆和大陆漂移概念的，是德国的气象和地理学家魏格纳。他根据大西洋两岸，尤其是非洲和南美洲的海岸轮廓，以及地壳的岩质情况，做出了这样的推论。"

说完，怪博士拿起一小块鱿鱼丝放进嘴里，刚吃了两口，便猛地眨眼睛，接着张大嘴巴呵呵地换气，然后笑道："好辣呀！"

他那夸张的表情，引得三个孩子大笑起来。

陆地生物大发展时代

人物冒泡

　　章树叶想：如果地球上所有的陆地又连在了一起，那会出现什么状况呢？

　　他觉得可能会出现这样的状况：以前需要坐船去的地方，以后都可以开车去了；原先的许多岛国，以后都变成了大陆国家；还有很多国家的长河，以后都会连在一起，说不定那时只要划一叶小舟，就能沿着一条长河周游世界。

8

今天的地球 是什么样子

怪博士吃了鱿鱼丝，又喝了一点水，继续开讲。

我们今天的地球是什么样子呢？

经过最近一轮的地球板块运动，盘古大陆已分成若干个板块，形成了现在的 7 个大洲和 4 个大洋。

今天的地球，陆地面积大约占地表的 29%，海洋面积大约占地表的 71%。

分别是哪 7 个大洲呢？ 即亚洲、欧洲、非洲、北美洲、南美洲、南极洲和大洋洲。

分别是哪 4 个大洋呢？ 即太平洋、大西洋、印度洋和北冰洋。

截至 2020 年，地球上的相关数据如下：

包含那些仍存有主权争议的地区在内，地球上大约有 230 个国家和地区；80 亿人口 (2022 年)，2000 多个民族和 5600 多种语言。

国土面积最大的 10 个国家分别是：俄罗斯，1709.82 万平方千米；加拿大，998.47 万平方千米；中国，约 960 万平方千米；美国，约 937 万平方千米；巴西，851.49 万平方千米；澳大利亚，

769.2 万平方千米；印度，约 298 万平方千米；阿根廷，278.04 万平方千米；哈萨克斯坦，272.49 万平方千米；阿尔及利亚，238 万平方千米。

人口最多的 10 个国家分别是：印度、中国、美国、印度尼西亚、巴西、巴基斯坦、尼日利亚、孟加拉国、俄罗斯、墨西哥。

2022 年国内生产总值最高的 10 个国家分别是：美国、中国、日本、德国、印度、英国、法国、俄罗斯、加拿大和意大利。

矿产资源储量最多的 10 个国家分别是：俄罗斯、美国、沙特阿拉伯、加拿大、伊朗、中国、巴西、澳大利亚、委内瑞拉和伊拉克。

三个孩子听到这儿，都大开眼界：原来地球上有那么多的国家和地区，以及那么多的人口。他们也都为祖国的不断繁荣富强，而感到无比骄傲。

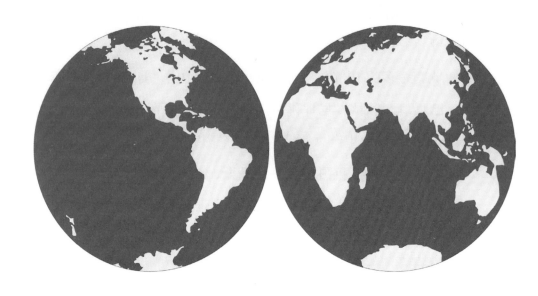

地球七大洲

人物冒泡

　　云飞扬想：地球这么大，他想去看看。

　　他在心中默默地立下一个大志愿：长大以后要走遍地球上的所有国家。为了实现这个宏大的理想，他决定从此努力学习，奋发图强。

亚洲
是什么样子

怪博士继续讲课，开始介绍亚洲。

亚洲全称为"亚细亚洲"，意为"太阳升起的地方"。

亚洲位于地球北半球的最东方，地理形状很像一只"复活的恐龙"。它东至白令海峡，南至努沙登加拉群岛，北至北极圈内的北地群岛，西至地中海；横跨热带、温带和寒带3个气候区域，总面积大约4400万平方千米，是地球上跨纬度最广、东西距离最长、陆地面积最广的大洲，约占地球陆地总面积的29.5%。

亚洲还是除南极洲以外，地势最高的大洲，平均海拔大约950米。全洲以帕米尔高原为中心，向四方延伸出一系列的高大山脉，如昆仑山脉、天山山脉和喜马拉雅山脉等。地球上超过8000米的高峰共有14座，全部集中在这个大洲。

在那些高大的山脉之间，有着众多的超大高原、盆地和平原。高原有青藏高原、蒙古高原、伊朗高原和阿拉伯高原等。盆地有塔里木盆地、准噶尔盆地和柴达木盆地等。平原有东北平原、华北平原、长江中下游平原、印度河平原、恒河平原、美索不达米亚

平原和西西伯利亚平原等。

亚洲还是世界上发生火山爆发和强烈地震最多的大洲。东部沿海岛屿，以及中亚和西亚都是地震多发地带。

亚洲内陆水网十分发达，拥有非常之多的长河与湖泊，很多地区的雨水都非常丰沛，物产极其丰富。

亚洲还是海岸线最长的大洲，大约有 69900 千米。绵延曲折的海岸线，不仅盛产各种水产品，还形成了非常之多的天然良港。

亚洲大陆的最中心地点，大致位于中国新疆乌鲁木齐市南郊一个叫包家槽子的村庄境内，那儿距乌鲁木齐市大约只有 30 千米。

亚洲的自然资源也相当富有，主要有石油、煤、镁、铁、锡、钨和铜等。其中石油、镁、铁、锡等的资源储量，均居世界前列。

亚洲还是人口最多的大洲，大约有 44.6 亿人口 (2017 年)，占世界人口的一半以上。世界上超过 1 亿人口的国家只有 14 个，亚洲就占 6 个。

亚洲大约有 1000 多个民族，也占世界民族总数的一半左右。

亚洲分为东亚、南亚、东南亚、中亚、西亚、北亚 6 个地区，共有 48 个国家。我们伟大的祖国，就位于亚洲的东亚地区。

亚洲综合实力较强的国家，有中国、印度、日本和韩国等。

三个孩子听到这儿，都对亚洲有了很深刻的了解。原来亚洲

的地理形状就像一只复活的恐龙，并且是在地球北半球的最东方，还有那么多国家。而且亚洲是地球上最大的大洲，也是人口最多的大洲。他们把亚洲的这些知识，都牢牢地记在了心里。

亚洲地理中心点——中国乌鲁木齐市

人物冒泡

云飞扬想：亚洲最中心的位置，竟然是在中国的乌鲁木齐市市郊！他特别想去那儿看看。

他的脑海里浮现出这样一番景象：他和夏语、章树叶来到了亚洲的地理中心，见到那儿有一座很高的地理标志塔，每天都有世界各国的人们去那儿参观旅游。

47

10

欧洲
是什么样子

接着，怪博士开始介绍欧洲。

欧洲全称为欧罗巴洲，名字来源于古希腊神话人物腓尼基公主欧罗巴。它位于地球东半球的西北部，西濒大西洋，北临北冰洋，南依地中海，东与亚洲相连，总面积 1016 万平方千米，是地球上面积第二小的大洲。地理形状很像"熊和马在赛跑"。

欧洲大约有 7.4 亿人口，是世界人口数量第三的大洲。

欧洲的自然资源也非常丰富，尤其以煤、天然气、铜、铁、钾盐等矿产居多。欧洲还有非常之多的森林、河流与湖泊。其中，美丽的多瑙河横跨了欧洲大约 10 个国家，是地球上流经国家最多的一条河流。

欧洲地理环境较为优越，海岸线曲折绵长，拥有众多的天然良港，这给欧洲经济发展，创造了非常良好的条件。

欧洲也是很适合人类居住的大洲，属于温带海洋性气候，几乎没有酷热的日子。

欧洲的自然环境保护得较好，很少有地方遭受到严重的环境

破坏或污染。

欧洲还有个很有趣的现象：不仅有国土面积最大的国家——俄罗斯，也有国土面积最小的国家——梵蒂冈。梵蒂冈意为"先知之城"，国土面积 0.44 平方千米，只有一个小村庄那么大。这个意大利境内的"国中之国"，其实是个政教合一的国家，只有几座精美的大教堂等建筑。但那儿是天主教的中心，常住人口只有 800 多人。

欧洲有许多国家的建筑都非常精美，具有世界艺术建筑的极高水准。世界上有相当多的精美建筑，都集中在这个大洲。

欧洲分为西欧、北欧、中欧、东欧、南欧 5 个区域，共有 45 个国家和地区。欧洲综合实力较强的国家，有俄罗斯、英国、德国和法国等。

三个孩子听到这儿，也对欧洲有了很深刻的了解：原来欧洲的名字是来自古希腊的神话人物；它是世界上陆地面积第二小的大洲，却有那么多的国家和地区。

欧洲的法国卢浮宫

　　云飞扬想：他最喜欢阅读的那本《巴黎圣母院》，书中的那座精美的建筑就在欧洲，他特别想去看看。

　　他的脑海里浮现出这样一番景象：

　　他和夏语、章树叶一道去了法国的巴黎圣母院，还跑到那座钟楼上去敲钟；他们敲了几下后，那口大钟就像中了魔法一样，竟然响个不停，似乎永远都停不下来了。

　　出现这样的情况，他们都被吓蒙了，以为大钟被他们敲坏了。

　　忽然，云飞扬看见有个红头发的外国人，躲在那口大钟的后面偷笑。他这才发现，原来是那个人在捣鬼，竟然用手机录下钟声后大声播放录音，让人以为是那口大钟响个不停。

11

非洲
是什么样子

怪博士又开始介绍非洲。

非洲全称为阿非利加洲。它位于地球东半球的西南部，在亚洲以西、欧洲以南，东临印度洋，西濒大西洋，纵跨赤道南北，是地球上最炎热干燥的地区，号称"热带大陆"。非洲人口大约12亿，是地球上人口数量第二的大洲。

非洲面积3022余万平方千米，约占地球陆地总面积的20.4%，仅次于亚洲。地形多为辽阔的高原，海拔500米以上的高原占非洲总面积的60%。它的地理形状很像只"戏水的海豹"。

非洲的自然资源极其丰富，尤其是黄金、金刚石、铜、铁、石油和天然气等储量居多。其中，黄金产量占世界三分之二以上。

非洲虽然干燥少雨，但水资源其实并不少。地球上最长的河流——尼罗河，就流淌在这个大洲上。那儿还有世界上第二大淡水湖——维多利亚湖，它的面积大约有69400平方千米。

只是因为非洲几乎都是高原和平坦地带，那儿的水资源都难以截流、储存和灌溉，而且分布也不均衡，所以很多地区都处于干

旱状态。无论是经济发展，还是社会基础建设，非洲都相对落后于其他大洲。绝大多数的非洲人民，还都较为贫困。

但是，非洲也是古文明主要的发源地之一，早在5500多年前，那块土地上就有了城市建筑。约5200年前，成体系的文字也出现了。

非洲分为北非、东非、西非、中非、南非5个区域，有54个国家。综合实力较强的国家，有尼日利亚、埃及和南非等。

非洲对我们人类来说，是个非常重要的地方，因为那儿或许是我们现代人类的发源地。今天其他几大洲的人民，可能都是从那儿迁徙去的。所以我们要认真地了解非洲，不要忘记那个地方。

听到这儿，三个孩子也对非洲有了很深刻的了解。原来非洲的地理形状很像只戏水的海豹。而且非洲的黄金矿产，竟然有那么多。最让他们惊奇的是，那儿还可能是现代人类的发源地，怪不得那儿是古文明主要的发源地之一呢！

见怪博士停顿下来，云飞扬问道："唐爷爷，我们亚洲人是什么时候从非洲迁徙出来的呢？"

怪博士答道："大约是在几万年前。如果你们想知道这些知识，我以后找个时间，专门来给你们讲人类的起源与进化过程，让你们全面地了解人类的发展史。"

非洲的坦桑尼亚乞力马扎罗山与草原

章树叶想：非洲有那么多金矿，他准备长大后去非洲挖金矿。

他的脑海里浮现出这样一番景象：他开了一家很大的采矿公司，请了很多工人为他开采金矿；他有一间很大的房子，房子里面堆满了黄金；他坐在一把大椅子上，双目放光地看着那些黄金，咧着大嘴，龇着大牙，呵呵地笑个不停。

12
北美洲
是什么样子

怪博士继续介绍北美洲。

北美洲全称为北亚美利加洲。它位于西半球的北部，是 15 世纪著名的意大利航海家哥伦布发现的一块"新大陆"。

北美洲东临大西洋，西濒太平洋，北依北冰洋，南靠巴拿马运河，地理位置非常优越，纵跨热带、温带、寒带三个区域。北部在北极圈内，常年被冰雪覆盖。南部与加勒比海相接，经常遭受热浪袭击。北美洲的地理形状很像只"飞翔的鸿雁"。

北美洲面积 2422.8 万平方千米 (包括岛屿)，约占地球陆地总面积的 16.2%，是地球上的第三大洲，人口大约 5.5 亿。

北美洲自然资源也同样非常丰富，有煤、石油、天然气、铁、金、铜等 100 多种矿产，还有 5 个超级大湖。

北美洲的西部沿海，也是太平洋沿岸的火山地带。在那条绵长的地缘带上，潜伏着 90 多座活火山。其中阿留申群岛大约有 28 座，阿拉斯加地区大约有 20 座，中美洲地区有 40 多座。所以那些地方也经常发生强烈大地震。

著名的巴拿马运河，就位于北美洲与南美洲的交界处。这条运河是人类创造的一项伟大工程，凿通巴拿马地峡而成，连接太平洋和大西洋，全长81.3千米，最宽处大约304米，被誉为"世界桥梁"。

北美洲分为北美、中美，以及加勒比海地区，共有23个国家。综合实力较强的国家，有美国、加拿大等。

三个孩子听到这儿，也对北美洲有了很深刻的了解：原来那儿是航海家哥伦布发现的一块新大陆，那儿有那么多的活火山，地理形状还像只飞翔的鸿雁！

人物冒泡

云飞扬想：哥伦布可以在海上发现一块新大陆，为什么人类不可以在海上建造一块新大陆呢？

他的脑海里浮现出这样一种景象：在很多科学家的帮助下，他和很多人一起，在太平洋上建造了一块新大陆；这块海上人工大陆，成了地球上最和平、最美丽、最现代的地方，世界上很多国家的人民，都愿意迁到那块新大陆上生活。

北美洲的美国纽约市

13

南美洲
是什么样子

怪博士继续介绍南美洲。

南美洲全称为南亚美利加洲。它位于地球西半球的南部，东临大西洋，西临太平洋，南靠南极圈，北濒巴拿马运河和加勒比海，总面积大约 1797 万平方千米 (包括岛屿)，是地球上的第四大洲。

南美洲四面环海，海岸线绵长，有很多的优良海港。那些海港都是各种船舶最为理想的停靠之地。它的地理形状，很像支"堆满奶油的甜筒"。

南美洲大部分地区属于热带气候，比较炎热。但一年当中，也有很多天是温和湿润的。总人口大约 4.45 亿，是世界上人口较少的一个大洲。

南美洲的自然资源也十分丰富，其中石油、铁、铝土、铜和银等矿产储量，都居世界前列。森林覆盖面积也非常广阔，竟达到了南美洲总面积的大约 50%，大约占世界森林总面积的 23%。那儿盛产红木、檀香木、铁树、木棉树、巴西木、香膏木和花梨木等

贵重林木。其草原面积大约有 440 万平方千米，大约占世界草原总面积的 14%。

南美洲也处于环太平洋大陆板块的移动带上，所以也同样是火山和地震的多发地带，现仍有 40 多座活火山潜伏在那个大洲。最近 150 年来，南美洲先后发生过四次大地震，累计伤亡人数大约有 12 万人。

世界上最长的山脉——长达 8900 千米的安第斯山脉，就横亘在那个大洲上。那条山脉几乎纵贯了整个南美洲，其中的阿空加瓜山是最高峰，海拔 6960 米。那座高峰，就是世界上最高的一座死火山。

世界上第二大的高原——总面积 500 多万平方千米的巴西高原，也坐落在那个大洲上。那儿还有非常之多的河流、瀑布和极深的海沟。那个大洲，是世界上地理现象最为丰富的区域之一。

南美洲分为北部、中西部、东部和南部四个区域，共有 12 个国家。综合实力较强的国家，有巴西、阿根廷等。

三个孩子听到这儿，也对南美洲有了很深刻的了解。他们还萌生了一种很强烈的意识，觉得越是缺乏了解的地方，就越需要多去了解，这样才能学到更多的知识，认识更多的地方。

南美洲的巴西里约热内卢市

章树叶想：幸好那座阿空加瓜山是一座死火山；要是它是一座活火山，那就太可怕了！一旦发生了火山爆发，它的位置那么高，肯定会造成无法估量的危害。

他在心里默默地念道："希望地球上所有的火山都不要爆发，以免给人类造成灾难。"

大洋洲
是什么样子

怪博士继续介绍大洋洲。

大洋洲，意为"被大洋环绕的陆地"。它主要位于太平洋中部和南部赤道以南的海域中，西濒印度洋，东临太平洋，处在亚洲和南极洲的中间。

大洋洲的岛屿和陆地面积，共897万平方千米，是陆地面积最小的大洲，也是除南极洲以外，人口数量最少的大洲，只有3625.2多万人（2016年）。

大洋洲东西长度大约10000千米，南北宽度大约8000千米，由一块大陆，以及分散在浩瀚海域中的大约1万多个岛屿组成，地理形状很像一团燃烧的火焰。

大洋洲横跨南北两个半球，中部和西部面积辽阔。那儿大约有一半的陆地属于干旱或半干旱地带。而且风力强劲，有很多地区的地表都是风蚀地貌，植被非常稀少。在西部的沙漠，以及中部的艾尔湖一带，形成了大面积的，由风力雕凿而成的沙丘、沙垄和碟状沙地。

大洋洲大部分地区，都属于热带和亚热带气候。那儿自然资源非常丰富，尤其是铝土、黄金和石油等矿产居多，动物和水产品种类也特别繁多。

大洋洲还盛产绵羊。绵羊养殖数量大约占地球上总数的20%。羊毛出口数量，大约占地球上总数的40%。所以那儿是世界上养羊和羊产品出口数量最多的大洲。

大洋洲除了个别国家外，很多国家的经济发展，都主要依靠农业，所以也相对落后。

大洋洲共有大约16个国家和地区，综合实力较强的国家，有澳大利亚和新西兰等。

三个孩子听到这儿，也对大洋洲有了很深刻的了解，原来那儿是地球上最小的大洲，还有那么多的小岛屿。而且那儿还是世界上养羊以及羊产品出口数量最多的大洲。

大洋洲的澳大利亚悉尼市

夏语最喜欢性情温顺的绵羊了。

她的脑海里浮现出这样一番景象：

她在一片广阔的草原上放牧一群洁白的绵羊。忽然，她发现了一个很奇怪的现象——她的羊群中，竟然有两只非常奇怪的"羊"，在鬼鬼祟祟地围着她转。她以为是遇见了什么怪物，于是举起鞭子打了过去，结果听见两个人嗷嗷地叫疼。

她走过去一看，才发现原来是云飞扬和章树叶在假扮怪羊吓唬她。他们没想到，不仅没有吓着夏语，还害自己狠狠地挨了鞭子，真是偷鸡不成蚀把米！

15
南极洲
是什么样子

怪博士继续介绍南极洲。

南极洲，意为"围绕南极的大陆"。它位于地球的最南端，是由南极大陆、陆地边缘的冰层地带，还有附近一些岛屿组成。它的四周被太平洋、印度洋和大西洋环抱。总面积1405.1万平方千米。它是地球上海拔最高的大洲，全境平均海拔为2350米。

南极洲最高处是文森山，海拔5140米。这座高峰冰层最厚的地方，竟然达到了4750米。整个大洲都被厚厚的冰川覆盖，完全是个银色的世界。

南极洲上的冰层，是地球上最主要的淡水资源。如果地球上的气温持续上升，导致那些冰层全部融化，会使海平面上升大约66米。若真是那样，地球上绝大多数的沿海地区，都会被海水淹没。

南极洲每年分寒、暖两个季节。

寒季是每年的4—10月份，那段时间还会出现很多天的极夜现象，经常能看到绚丽夺目的极光。

暖季时间是每年的 11 月至次年的 3 月。暖季会出现很多天的极昼现象，到时太阳总斜着照在那儿，不会落下地平线。

南极洲的气候极其严寒，最低气温可达 –89℃。而且还会刮起巨大的风，最大风速可达 90 米 / 秒以上。

南极洲是地球上气候最冷、风力最大、风暴最多和雨水最少的大洲，全洲年平均降水量仅有大约 55 毫米。南极洲的中心，几乎全年无降水，所以那儿也被称为"白色荒漠"。除了一些企鹅和信天翁外，其他陆地动物都难以在那儿生存。

南极洲还有个非常奇怪的景象：会出现一种乳白色的天空。这种奇观是由那儿的极低温，与冷空气中的小雪粒相互作用形成的。当阳光照在冰层上面，光会被反射到低空的云层中。而低空云层中的小雪粒，又会将光散射开，然后反射到地面的冰层上。经过这样的来回反射，从而形成了那种朦朦胧胧、苍苍茫茫、如梦如幻的乳白色天空。

南极洲也有大量的煤、石油、天然气、金、银、铜等矿产。

南极洲还是地球上唯一一个不属于任何国家的大洲，它是属于全人类的。

1961 年 6 月通过的《国际南极条约》，规定南极洲只能用于和平目的的科考。所以南极洲并没有永久性居民，只有一些来自各国的科考队员。中国也在南极建立了长城站、中山站、昆仑站、泰山站和罗斯海新站等五个科考站。

三个孩子听到这儿，也对南极洲有了很深刻的了解。原来南极洲是那么寒冷，竟然会出现那种奇怪的乳白色天空。而且那儿还没有永久性居民，只有一些国家的科考队员在那儿活动。中国也在那儿建立了那么多的科考站，他们都为祖国的科技进步感到无比自豪。

云飞扬想：除了科考以外，还可以在南极洲做点什么呢？

他的脑海里浮现出这样一番景象：

他去了南极洲，并在那儿的冰川中，雕凿出了一座亮晶晶的美丽冰城。冰城中有很多高大的冰房子，有无数条宽敞的冰马路，还有一个超大的滑冰场。在那儿滑冰，滑一圈有几千米，非常过瘾。

那座冰城，吸引了世界上无数的人们前去参观游玩。

南极大冰层

16

四大洋
是什么样子

怪博士继续介绍四大洋。

太平洋，是地球上最大的海洋。它位于亚洲、北美洲、南美洲、大洋洲和南极洲之间，东临巴拿马运河，西依马六甲海峡，南接南极洲，北靠白令海峡，总面积 17967.9 万平方千米，约占世界海洋总面积的 50%，平均水深大约 3957 米。

1520 年，葡萄牙航海家麦哲伦在环球航行中，进入一片海峡时，突然遇到狂风大作，惊涛骇浪。当他走出那片海峡时，便见前方的洋面风平浪静。于是他就将那片大洋称为太平洋。后来这个称谓得到了全世界的认可，所以沿用至今。

大西洋，是地球上的第二大洋。它位于欧洲、非洲、北美洲、南美洲和南极洲之间，总面积 9336.3 万平方千米，约占世界海洋总面积的 25%，平均水深 3597 米。

大西洋一词，源自古希腊神话大力士阿特拉斯的名字。传说他就住在大西洋当中，能够知晓任何一处海洋的深度，还有擎天立地的神力。

1845 年，英国伦敦地理学会正式将那片大洋命名为"大西洋"。

印度洋，是地球上的第三大洋。它位于亚洲、非洲、南极洲、澳大利亚大陆之间。总面积 7492 万平方千米，约占世界海洋总面积的 21%，平均深度 3711 米。

印度洋的地理位置十分重要，它是世界海洋上的交通枢纽和主要经济通道。从印度洋进出太平洋和大西洋，都非常便利。

1497 年，葡萄牙航海家达·伽马绕道非洲好望角，向东方寻找印度大陆。他将所经过的那片洋面，称为"印度洋"。1570 年，世界地图集也将那片大洋称为"印度洋"。此后这个名字逐渐普及。

北冰洋，是地球上最小、最浅和最冷的大洋。它介于亚洲、欧洲和北美洲之间，大致以北极为中心，在地球的最北端。它的总面积只有 1475 万平方千米，还不到太平洋的十分之一，约占世界海洋总面积的 4.1%，平均深度 1225 米。

1650 年，德国地理学家瓦伦纽斯，首先把它划成独立的海洋，并称其为"大北洋"。1845 年，英国伦敦地理学会正式将它更名为"北冰洋"。这个名字，源自古希腊人说它是正对着天上的"大熊星座"，而且它的位置又在极寒冷的北方，洋面上还常年出现冰层，所以他们觉得称它为北冰洋更为贴切。

三个孩子听到这儿，也对四大洋有了很深刻的了解。原来地球上，还有那样的 4 个大洋！

大鲨鱼

云飞扬想：如果乘坐最快的船，围绕这四大洋航行一周，需要多长时间呢？

他的脑海里浮现出这样一番景象：

在怪博士的带领下，他们乘坐一艘快艇去周游四大洋，结果只用了 1 个月，就快游完了。

当到达最后一站的大西洋时，他们遇到了一条非常凶猛的鲨鱼。那条鲨鱼个头特别大，大约有 10 米长。它追着他们跑，就像要把他们的快艇掀翻一样。他们都被吓得要命，头发都竖了起来。

怪博士加大马力，没想到快艇竟然飞了起来。就在快艇落下的那一刻，正好砸到追来的鲨鱼头上。咣当一下，把鲨鱼砸晕了。那条鲨鱼晕晕乎乎地沉到海底，再也不追他们了。

70

第一次
生物大灭绝事件

怪博士讲到这儿，又拿起一小包腰果吃了起来。他吃腰果时咔咔作响，立刻把三个孩子的馋虫勾了出来。

三个孩子也以极快的速度，各自拿了一些吃的放进嘴里，这才堵住了要流出来的口水。

大家吃了一些东西后，怪博士继续开讲。

寒武纪生物大爆发以来，地球上先后发生了五次生物大灭绝事件。每当发生这样的事件，都有大量的物种永远地离开地球。

第一次生物大灭绝事件，发生在约4.4亿年前的奥陶纪末期，所以又称"奥陶纪末生物大灭绝事件"。

那个时期，海洋中已经有了非常多的生物种类，是无脊椎动物空前繁荣的发展阶段。其中最具代表性的有三叶虫、鹦鹉螺、箭石、笔石、腕足动物、珊瑚、海百合和苔藓虫等。

那时三叶虫为了防御，还在胸部和尾部进化出了许多的针刺。

根据地质学家和古生物学家的研究推断，发生那次大灾难的主要原因，可能是当时的一块最大的陆地漂移到了南极地区，从

71

而导致那块陆地的气候异常寒冷。

那块大陆有多大呢？它的范围大致包括今天的南美洲、非洲、澳大利亚、印度半岛和阿拉伯半岛。由于受到寒冷气候的影响，这块大陆的大部分地区都结了厚厚的冰层，海洋也被冰层所覆盖。

封冻的海洋阻隔了洋流活动，暖流无法流通，从而造成整个地球的温度持续地下降，地球因此进入第三次大冰期。

这次大冰期导致海平面大幅度下降，原先丰富的沿海生物圈，遭到了严重的破坏。

除此之外，这些生物还可能遇到另外一个灾难事件：当时有颗距离地球大约 6000 光年的恒星，由于衰老发生了大爆炸；大爆炸释放的伽马射线，穿过太空，摧毁了地球上空大约 30% 的臭氧层；没有足够厚度的臭氧层遮挡，紫外线便长驱直入，从而导致大量的海洋浮游生物消亡。

浮游生物的消亡，直接引起了食物链断裂，有很多其他生物因此相继在饥荒中失去生命。

这次大灾难大约持续了 6500 万年，造成当时大约 85% 的海洋生物物种从地球上灭绝。

三个孩子听到这里，都非常震惊：那次大灾难，竟然造成那么多物种从地球上消亡了！

在第一次生物大灭绝事件中消失的箭石和笔石

人物冒泡

　　云飞扬想：地球上那些幸存下来的生物，是怎样躲过那次大劫难的呢？

　　他的脑海里浮现出这样一番景象：在一个极度恶劣的环境中，很多生物都饿死了；但有一些无比坚强的生物，仍在努力地寻找安全地带和食物；它们经受了长时间的困苦煎熬，终于度过了那次大劫难。

　　他突然明白了生命是何其宝贵。他觉得遇到再大的困难，都要坚持下来；以后既要好好地珍惜自己的生命，也要尽一切力量去保护别人的生命。

18

第二次
生物大灭绝事件

第二次生物大灭绝事件，大约发生在 3.77 亿年前的泥盆纪晚期，所以又称"泥盆纪生物大灭绝事件"。

那时正是海洋生物非常良好的发展阶段。由于在上一轮的地球板块运动中，海洋中又增加了很多的岛屿，这给需要在阳光充足的浅滩处生长的海洋生物，提供了更多的生存空间。

鱼类在这一期间，出现了大繁荣现象。有很多种类的鱼，都奇幻般地相继涌现，所以那时也被称为"鱼类时代"。

而且那时的陆地上，植物已经生长得十分茂盛。有很多的海洋生物，以及一些河流湖泊中的水生生物，都开始登陆上岸，成为最早的两栖动物。

就在那样一个美好的时期，突然又爆发了第二次大灾难。

根据地质学家和古生物学家的研究推断，发生那次大灾难的主要原因，可能是当时的某一天，从西伯利亚地区的海床裂缝中，出现了连片的火山喷发，大量炽热的熔岩流冲破地壳，涌入海洋，致使海水沸腾，无数的海洋生物都因此丧生。

　　而且火山喷发，还制造了大量的有毒气体。那些有毒气体与海水混合后，发生了致命的化学反应，致使海水不断酸化，海洋严重缺氧，这也导致大量的海洋生物窒息消亡。

　　另外，火山喷发也产生了大量的灰尘。那些灰尘遮住了天空，阳光照射不进来，地球从此陷入了一段长达大约200万年的黑暗岁月。没有阳光，地球气温不断地下降，接着又下了一场长达数年的大雪，地球从此进入第四次大冰期。那些无法适应这些变化的海洋生物，几乎全部消亡了。

　　这次大灾难，大约造成当时75%的海洋生物物种——包括最凶猛的邓氏鱼在内的所有盾皮鱼，以及所有的头甲鱼——都永远地离开了地球。

　　三个孩子听到这儿，再次惊得背脊发凉。原来那时的地球，还出现了一次那么长时间的黑暗岁月，并降了一场连续数年的大雪！

在第二次生物大灭绝事件中消失的头甲鱼

云飞扬想：如果生活在那样的黑暗岁月中，该有多可怕呀！

他的脑海里浮现出这样一番景象：

他生活在那段黑暗的岁月中，什么也看不见。他摸索着走在路上，一不小心撞到一棵大树上，痛得要命。他伸手一摸，摸到自己那高高的鼻子上，起了一个大大的包。

其实在离他不远的地方，夏语和章树叶也有同样的遭遇，他们两人的额头上，也都撞出了大大的包。

他们都顶着大大的包继续摸索着向前行走，结果三人又撞到了一块儿，并都撞到了各自的肿包上。他们都痛得嗷嗷大叫，眼泪哗哗直流。

19 第三次 生物大灭绝事件

第三次生物大灭绝事件，大约发生在 2.5 亿年前的二叠纪晚期，所以又称"二叠纪末生物大灭绝事件"。

那一时期地球上的生物，又在上一次大灾难后得到了很好的恢复。无论是海洋生物还是陆地生物，都处于极好的发展态势中。

当时的海洋中，最具代表的生物有三叶虫、海蝎和板足鲎等。

那时陆地上的生物也大量涌现，昆虫和脊椎动物都非常繁多；并有了很多大型动物，如丽齿兽、二齿兽、麝足兽、水龙兽和前缺齿兽等。

就在这样一个生物发展的鼎盛时期，又发生了第三次大灾难。

根据地质学家和古生物学家的研究推断，发生这次大灾难的主要原因，可能是当时漂移在外的罗迪尼亚大陆板块，又重新回归合拢，从而形成了一个新的超级大陆，即盘古大陆。

那次地球板块运动进行得异常剧烈，从而导致大面积的火山持续爆发，有毒气体充斥天空，臭氧层再次遭到严重破坏。

没有了臭氧层的保护，太空紫外线直接照射地球，从而让地

球上的生命，遭受了长时间的残酷伤害。

大规模的火山爆发，也让地球气温不断上升，高温将海水大量蒸发，海平面大幅度下降。有科考证据表明，那时的海水减少程度，达到了令人惊叹的地步。在那样的恶劣环境中，海水不断酸化，并严重缺氧，导致无比之多的海洋生物因此失去了生命。

而且火山爆发产生了大量的尘埃。那些滚滚尘埃飘到天空，遮天蔽日，久久不能散去，结果造成地球经历了一次长达约40万年的漫漫黑夜。植物长期照射不到阳光，毁坏殆尽；绝大多数的陆地生物，都在饥饿中消亡。

那次大灭绝事件，是生物史上最严重的一次大劫难，最终造成当时超过90%的海洋生物物种和大约75%的陆地生物物种永远地离开了地球！

地球上的生命，几乎要绝迹了！

在地球上生活了几亿年的三叶虫，可能就是在那次大灾难中全部灭绝的！

后来地球上的生物，差不多都是新进化出来的物种。

三个孩子又被惊得目瞪口呆，原来在那次大劫难中，竟然有那么多生物物种从此永远地消亡了！

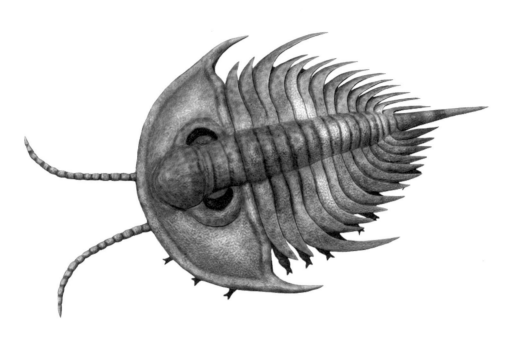

在第三次生物大灭绝事件中消失的三叶虫

人物冒泡

云飞扬想：幸好还有少量生物物种没有被灭绝，否则今天的地球上就没有生物了！也肯定没有我们人类了！

第四次
生物大灭绝事件

第四次生物大灭绝事件，大约发生在 2 亿年前的三叠纪晚期和侏罗纪时期，所以又称"三叠纪生物大灭绝事件"。

那时恐龙已经出现，但还没有成为地球霸主。

三叠纪时期地球上的真正霸主，是鳄类。它们有近 100 个种类。

它们形态各异，有的很像恐龙，比如行动敏捷的灵鳄；有的长有一颗硕大的脑袋，比如四肢垂直的波斯特鳄；有的与角龙很类似，比如全身长着甲片的角鳄；还有狂齿鳄和楔形鳄等。其中，波斯特鳄是当时的顶级猎食者。

那时，陆地上的生物也非常繁多，鸟类和袋类哺乳动物都相继出现。

同样是在那么一个欣欣向荣的时期，又突然发生了第四次大灾难。

根据地质学家和古生物学家的研究推断，发生这次大灾难的主要原因，可能是当时刚刚合拢的盘古大陆，再次出现了分裂。这次的板块运动异常剧烈，盘古大陆被巨大的地核能量，冲击得

地动山摇，震荡不安。

那些沸腾的地核岩浆，以一种不可阻挡的态势，不断地从盘古大陆的裂缝中涌出，导致大面积海水滚烫。

这次板块运动，还引发了大面积的火山爆发，并产生了大量的二氧化碳。气温也出现了飙升，在前后几百年间，升高了大约30℃。

这样的高温，将地球上大部分的植物摧毁，导致陆地上的动物严重饥荒。

到了这次大灾难的中后期，虽然火山停止了喷发，但之前喷发的火山尘埃，形成了厚厚的尘埃云，挡住了阳光。

由于长期没有阳光，地球温度不断下降，随后又下了一场长达数年的大雪，地球因此从一个热火朝天的高温期，坠入一个漫无天日的寒冷期。那些无法适应这种环境变化的生物物种，几乎全部消亡了。

再后来，大气中的水分子还发生了化学反应，形成了酸雨。酸雨接连下了多年，致使土地不断酸化，植物难以生长，造成一些本来已艰难活下来的陆地生物最终在饥荒中死去。

这次大灾难，大约造成当时76%的生物物种永远地离开了地球。

三个孩子也同样被这次大灾难惊得汗毛直竖！

在第四次生物大灭绝事件中消失的波斯特鳄

人物冒泡

云飞扬想：可能大自然中有一条很奇妙的法则，即每次在这样的大灾难中，都会留出一些"真空地带"，让一些生物能够生存下去。

他的脑海里浮现出这样一番景象：

地球正在发生剧烈的板块运动，大部分地区都在遭受着毁灭性的大灾难。

但在某个地区，出现了很神奇的现象。那儿竟然是风和日丽，没有一丁点儿危险。很多生物都在那儿平静地生活着，根本感觉不到别的地方正在遭受灾难。

82

第五次
生物大灭绝事件

第五次生物大灭绝事件，大约发生在 6600 万年前的白垩纪晚期，所以又称"白垩纪生物大灭绝事件"。

那次大灾难与上一次大灾难的时间间隔大约有 1.35 亿年。

在那段时间里，地球气候再次变得温和宜人，雨水非常丰沛，陆地植物生长得特别茂盛。无论是海洋生物还是陆地生物，都在那个阶段，得到了一次良好的发展。

其中最具代表性的就是恐龙，它们已经发展成为种类最为繁多、体形最为庞大、行为最为凶猛的生物种群。

它们有的能在陆地上跑，有的能在天空中飞，有的能在水里面游。真可谓是海、陆、空都有它们的身影。它们统治地球，长达大约 1.6 亿年之久。

最繁盛的时候，它们的种类达到了 800 多个。

正当这样一个庞大的、称霸地球如此之久的生物越来越兴盛时，突然又发生了第五次大灾难，从而导致恐龙家族全部灭绝！

根据地质学家和古生物学家的研究推断，这次大灾难，可能

是一颗来自天外的小行星撞击地球所导致的。

地质学家还在今天的墨西哥尤卡坦半岛，找到了那次事件的相关证据——那儿有个小行星撞击坑。根据撞击坑面积推算，那颗小行星的直径，大约有 10 千米。

中国科学家欧阳自远院士也在西藏地区找到了那次撞击所留下的岩质层证据。

那颗小行星可能是以 20 千米 / 秒的速度飞向地球的。它在接近大气层时，温度可能达到了 20000℃，光度可能是太阳的 100 万倍。撞击地球时产生的威力，可能要比人类目前所拥有的全部核武器同时爆炸的总威力还要大 1 万倍。撞击引发了大面积地震和海啸，以及大量的火山爆发。

撞击所产生的气体和尘埃，形成了一片几千米高，温度可能达到了 7800℃的云层。这片炽热的云层，大约在 5 小时内就包裹了地球。地球生物遭到了毁灭性打击，大量生物失去性命。

后来，那片云层几十年都没有散去，植物长期照射不到阳光，无法生长，于是又有很多生物，在饥荒中消亡了。

那次大灾难，共计造成当时大约 75% 的生物物种永远地离开了地球。

三个孩子听到这儿，对那次大灾难感到无比惊骇！他们怎么也没想到，地球上的生物，竟然遭受了这么多次的灭顶之灾。而

且那些庞大的恐龙种群，竟然在这次大灾难中全部消亡了！

夏语突然想到了一个很严重的问题，见怪博士停顿下来，很担心地问道："唐爷爷，地球上还会不会出现第六次大灭绝事件呢？"

怪博士答道："关于这个问题，主要取决于地球环境是否遭受重大破坏。之前的每次大灭绝事件，都是这个原因造成的。只要地球不遭受那样的重大破坏，就没有理由发生第六次大灭绝事件。

"尽管目前人类的活动和工业的发展，造成了一些环境的破坏，导致了一些生物的消亡。但那不等于第六次生物大灭绝事件，科学界也没有给出这样的定义。不过，我们人类还是要提高保护大自然和野生动物的意识。只要减少了人为的破坏，就一定能减少非自然灾害导致消亡的生物数量。"

听到怪博士这样的回答，夏语放心多了。

人物冒泡

夏语想，她以后要从自己做起，好好保护大自然和野生动物。她准备成立一个小分队，积极地宣传保护大自然和野生动物的知识，组织大家绿色出行，倡导大家垃圾分类，督促大家爱护一花一草、一木一物。

在第五次生物大死绝事件中消失的恐龙

22

地球上
现在有多少种生物

现在地球上，生存有多少种生物呢？

关于这个问题，可能很多人都想知道答案。

但世界这么大，生物那么多，要想去统计这个数据，那是多么的困难呀！

不过，生物学家是不畏惧这个困难的，他们一直在做这项无比艰巨的工作。

根据联合国环境署 2011 年 8 月 24 日发布的报告，目前地球上大约有 870 万种生物。其中，陆地生物大约有 650 万种，海洋生物大约有 220 万种。

如果进行细分，便是动物大约有 780 万种，植物大约有 30 万种，真菌类大约有 60 万种。

2016 年，中国的生物学家也做了一次大规模的生物统计工作。在当时的记录中，中国拥有大约 86575 种生物。

虽然地球先后遭受了 5 次生物大灭绝事件，已有无数的生物物种永远地离开了地球。但每次大灾难后，都会出现新一轮的生

物大发展过程。而且新进化出的生命，更能适应地球环境的新变化。这就是大自然，它有着无比强大的力量，总能一次次地修复伤痕，让万象更新，不断地变得更加美丽。

当然，这些生物数量也只是已被科考发现的部分。其实还有很多的深山险地和大海深处，仍未被深入科考，所以还存在非常多的生物未被发现。根据一些生物学家的估计，地球上的实际生物数量，可能超过了 2 亿种。

即使是那些已被发现的生物，我们对它们中的绝大部分都了解甚少，只是给它们进行了简单的命名和描述，并没有进行深入的研究。所以人类在这个学科领域，还有太多的事情需要去做。

不过现在地球上，确实出现了一种令人惋惜的事情：每年都有一些生物物种消亡。

以下 5 种美丽的动物，已经步入灭绝的边缘。如果我们还不能很好地救助它们，或许几十年后，我们就再也看不到它们那鲜活灵动的身影了。

怪博士讲到这儿，默默地在银幕上播放出那些动物的图片。

1. 亚洲狮，主要分布在印度，野生种群仅存 350 只左右。

2. 苏门答腊虎，主要分布在印度尼西亚的苏门答腊岛，野生种群仅存 500 只左右。

3. 远东豹，又称东北豹，主要分布在俄罗斯和中国东北，仅存150 只左右，野生种群已近灭绝。

4. 红狼，主要分布在美国的东南部，仅存 220 只左右，野生种群已近灭绝。

5.白鳖豚，被誉为"水中大熊猫"和"长江女神"，是中国独有的鲸类物种。2007年，白鳖豚被宣布功能性灭绝，存活数量不详。

看到这些图片，三个孩子都非常痛心，他们真希望这些美丽的动物不要消亡。他们都下定决心，要好好保护所有的动物。

地球上的
巅峰在何处

地球上的最高处在哪儿呢？

它就位于中国与尼泊尔的边境线上，那儿有座地球上的最高山峰，即珠穆朗玛峰。它被称为"地球的屋脊"。

2020年12月8日，中尼两国领导人共同向世界隆重宣布，珠穆朗玛峰的最新高度，为8848.86米。

那座高峰非常特别，它常年被冰雪覆盖，天气总是变幻莫测，还时常刮起10级以上的狂风。那儿的温度极低，最冷时可达−50℃。而且含氧量极低，人类根本无法长时间在那上面生存。

很久以前，那片区域还是深深的海洋，被称为"古地中海"。大约在5500万年前，由于受到当时无比强大的地球板块运动的推动，那儿才从海洋中升起，并形成了这座巍峨宏伟、气势磅礴、美丽迷人、如金字塔顶一样的地球最高峰。

更为奇妙的是，这座高峰还在以每年大约2厘米的速度增长。估计在6万年后，它的高度可能会突破1万米。

这座高峰的周围，还有十几座高耸入云的山峰。地球上排名前

10 位的高峰，有 9 座都聚集在这一区域。另外 1 座离这儿也不太远。

自从 1953 年新西兰的运动员埃德蒙·希拉里，以及尼泊尔的向导丹增·诺尔盖两人，首次登上这座高峰以来，到 2021 年为止，有 4000 多人成功地登上了此峰。

三个孩子听说珠穆朗玛峰还在不断地增长，都感到无比神奇！

珠穆朗玛峰

人物冒泡

云飞扬想：登上珠峰看世界是什么感觉呢？肯定会非常精彩！

他的脑海里浮现出这样一番景象：

他和夏语、章树叶一起去攀登珠峰。他们好不容易爬到一半，结果都滚落了下来。但他们不惧艰难，一次次在失败中继续前行，经过不懈努力，最终登上了珠峰之巅。他们远眺前方，感觉世界是那么辽阔，自己的眼界和胸怀似乎也随之变得宽广。

24

地球上的
深渊在何处

　　地球上的最深渊在哪儿呢？ 它就位于马里亚纳群岛附近的太平洋底。那儿有条极深的海沟，名叫马里亚纳海沟。

　　那条海沟全长大约 2550 千米，最宽处大约有 70 千米，最深处（斐查兹海渊）有 11034 米。

　　那儿是目前人类发现的地球最深处，所以那儿也被称为"地球的深渊"。即便是把珠穆朗玛峰放在那条海沟中，也会被深深地淹没掉。

　　那条海沟的最深处，是目前人类难以企及的地方，因为那儿的水压，达到了 1100 个大气压。这样的压力，就相当于一个人的四周都被 1 吨重的东西紧紧地挤压着一样，根本无法承受。即便是放一只大铁球在那里面，也会被挤压变形。

　　这条海沟里面漆黑一片，见不到任何阳光。海水也冰冷刺骨，水温只有大约 2℃。

　　但奇怪的是，在那样极其恶劣的环境中，竟然还有很多生物存在。科学家在那条海沟里，发现了比目鱼、狮子鱼、小红虾和一

些奇怪的鱼类，还发现了一些美丽的珊瑚和晶莹剔透的矿石。

那条海沟也特别神秘，竟然会出现一些古怪的声音。那种声音非常恐怖，犹如幽灵的喘息声，听起来令人毛骨悚然。

地球上共有大约28条深深的海沟，其中深度达1万米的，还有日本海沟、千岛海沟和菲律宾海沟等。

三个孩子听到这儿，也对地球上的海沟有了很深刻的了解。他们都感到非常惊讶：在那么深的海沟中，竟然还有生物存在！

人物冒泡

章树叶想：在那条神奇的海沟中，会不会还生活着远古生物呢？

他的脑海中浮现出这样一番景象：

他乘坐最先进的潜水器下潜到那条海沟的最深处，竟然发现了很多大怪物。它们有的身长100多米，有的身上闪烁着像繁星一样的亮光，有的头部比一栋房子还要大，有的牙齿像一把把锋利的钢刀……还有一条巨大的怪鱼，竟然把他乘坐的潜水器吞进了肚子里，后来由于消化不了才吐了出来。他为此吓得一身冷汗，赶紧操控着潜水器返回水面。

马里亚纳海沟

25

地球上有
哪些著名的大河流

　　地球上有哪些著名的大河流呢？ 如果按照长度排名，前 5 位是如下几条。

　　第 1 位是尼罗河。它是地球上最长的一条河流，全长 6671 千米。它发源于非洲东部，干支流流经 10 多个国家，最后注入地中海。这条河流是人类文明的发源地之一，也是埃及人民的母亲河。它从南到北，贯穿了埃及全境。在河的两岸，形成了一条很宽阔的绿色长廊。

　　第 2 位是亚马孙河，全长 6480 千米。它是地球上流域面积最广、水量最大的一条河流。它发源于南美洲北部，流域面积 705 万平方千米，最后注入大西洋。这条河流的河口平均流量，达到了每秒 22 万立方米，流量远超其他几条大河。这条河流滋养了许多繁茂的热带雨林，它们大部分都成了众多野生动物的美丽天堂。

　　第 3 位是长江，全长 6300 千米，整条河流都流淌在中国境内。它发源于青藏高原的唐古拉山脉各拉丹冬雪山，高山上的冰雪化作涓涓细流，汇成了一条奔腾的大江，浩浩荡荡地流经青海、西

藏、四川、云南、重庆、湖北、湖南、江西、安徽、江苏、上海等11个省区市，最终在上海的崇明岛注入东海。

第4位是密西西比河，全长6262千米。它发源于美国西北部的落基山脉，位于黄石公园附近。它汇聚了大约250条支流，流经美国大约31个州，以及加拿大的2个州，最后注入大西洋。这条河流是美国大陆上流程最远、流域面积最广、流量最大的河流。美国人称它为"老人河"。

第5位是黄河，全长5464千米，整条河流也流淌在中国境内。它有三条主源：北源扎曲发自青藏高原的巴颜喀拉山脉；南源卡日曲发自各姿各雅山麓；上源马曲（约古宗列曲）出青海省巴颜喀拉山脉雅拉达泽山麓。这条河流呈"几"字形，流经青海、四川、甘肃、宁夏、内蒙古、陕西、山西、河南、山东，最后在山东的东营注入渤海。黄河孕育了中华文明，是中华儿女的母亲河。

另外，流经中国的澜沧江和黑龙江，长度分别列居第7位和第10位。

三个孩子听到这儿，对地球上那些著名的河流，有了很深刻的了解。

中国长江

云飞扬想：地球上有这么多长河，如果能把那些长河里的水抽调到干旱地区，该有多好哇！

他的脑海中浮现出这样一番景象：

他和夏语、章树叶在怪博士的带领下，通过不断探索，研制出了一套智能化自动循环输水管道。这套管道能够不停地将那些大河中的水，自动输送到地球上的干旱地区，从而让很多荒漠变成生机勃勃的绿洲。

地球上的
超级大岛屿

地球上的岛屿，有名字的有 5 万个以上。如果加上那些没有名字的小岛屿，估计有几十万个之多。但真正的超级大岛屿，是格陵兰岛。它位于北美洲的东北部，面积 216.61 万平方千米，相当于一个中等以上国家的国土面积。

格陵兰岛，意为"绿色的土地"。但与其名称极不相称的是，那儿地处高纬度的严寒地带，约 85% 的区域都被冰川覆盖。冰川的最大厚度达 3400 米。岛上几乎见不到绿色，是个银白色的世界。

关于这个大岛屿的发现，还有个很有趣的故事。相传在公元 982 年，挪威有个号称"红发埃里克"的海盗。他从冰岛出发，独自划着一叶扁舟远涉重洋。他在浪迹天涯的过程中，竟意外地发现了一个长满水草的，不到 1 平方千米的小山谷。

他回到冰岛后，便大肆宣扬自己在海上发现了一块绿色的土地。后来有很多人沿着他的路线去寻找那个地方，最终找到了这个地球上最大的岛屿。

这个大岛屿由于是在北极圈内，所以每年都会出现大约 260

天的极昼和极夜现象。岛上一年四季狂风凛冽，常住人口非常稀少，只有 7 万多人，是地球上最地广人稀的地区之一。

这个大岛屿自然风光极其美丽，是世界人民都很向往的旅游胜地。岛上的矿产资源也特别丰富，有难以估量的煤、铁、铜和金刚石等。

中国也有两个大岛屿。一个是台湾岛，面积 3.578 万平方千米。另一个是海南岛，面积 3.383 万平方千米。这两个大岛屿，也同样物产丰富，自然环境特别秀美，都是世界人民所向往的旅游胜地。

三个孩子听到这儿，都知道了地球上原来还有那么多的岛屿；最大的岛屿，竟然是这样被发现的；而且中国也有两个超级大岛屿。

夏语想：地球上有那么多岛屿，如果能让她管理一个就好了。她会在那个岛屿上栽种各种各样的鲜花，让那儿成为地球上最美的地方。

格陵兰岛风光

27

地球上有
哪些超级大沙漠

　　地球上面积超过 1 万平方千米的大沙漠，有多少个呢？有 80 多个。其中最大的一个沙漠，是撒哈拉沙漠。

　　撒哈拉沙漠，可谓是沙子的世界。它广阔无垠，望不到边际。它位于非洲北部，面积约 966 万平方千米，差不多与美国的国土面积相当。

　　那个大沙漠是大约 250 万年前形成的。但在大约 2500 年前，那儿还有很多的森林与河流。后来随着气候的不断恶化，那儿才逐渐变得干燥少雨，成为地球上最不适合生物生存的地方。现在那儿的最高温度，竟然达到了大约 57℃。那里还经常发生沙尘暴。

　　有人说，只有去撒哈拉沙漠体验了那种恶劣环境的人，才能真正懂得世界之美、水和绿洲的价值，以及生命的可贵。

　　其实那个大沙漠，也有一种独特的美，虽然苍凉，但有一种顽强不屈的精神——它无论遭遇了多少摧残，都能一点点地修复伤痕，并让自己变得更加灿烂。

在那个大沙漠中，还潜藏着许多宝藏，不仅有大量的石油和天然气，还有很多的金属矿产。

中国也有八大沙漠，从大到小分别是：新疆的塔克拉玛干沙漠、新疆的古尔班通古特沙漠、内蒙古的巴丹吉林沙漠、内蒙古的腾格里沙漠、新疆的库姆塔格沙漠、青海的柴达木盆地沙漠、内蒙古的库布齐沙漠和内蒙古的乌兰布和沙漠。

其中的塔克拉玛干沙漠，面积 33.76 万平方千米。它是地球上的第十大沙漠，也是地球上的第二大流动沙漠。在强大的风力吹动下，那儿的沙丘会不断地移动，就像是在行走一样。

而且在那个沙漠地区，还会出现一些非常奇特的现象：每到酷热的夏天，一些动物竟然会像冬眠一样进行"夏眠"。

三个孩子听到这儿，对地球上的大沙漠有了很深刻的了解：原来中国也有那么多的大沙漠，原来有些动物会进行夏眠！

撒哈拉大沙漠

云飞扬想：那一望无垠的大沙漠，是多么奇幻，他特别想去看看。

他的脑海里浮现出这样一番景象：

他和夏语、章树叶来到一个大沙漠，在那儿玩起了滚沙丘的游戏。他们从一座大沙丘上往下滚，看谁滚得最快。

结果章树叶滚得最快，最先到达沙丘的下面。可是后面滚下来的云飞扬和夏语，都压在他的身上了，竟然把他压哭了。

他的眼泪似泉水一样喷洒。非常奇妙的是，在他眼泪浇灌的沙漠上，快速地长出了一棵绿色的小草。那棵小草还转眼间开出了一朵小红花。那朵小红花非常鲜艳，就像是专为他绽放一样。

他看着这朵美丽的小红花，即刻破涕为笑。

28

地球上有
哪些超级大湖泊

怪博士又拿起一块巧克力放入口中，顿时有一股很甜美的感觉流遍全身。随后，他便有滋有味地嚼了起来。

看到怪博士吃巧克力，三个孩子的口水又流出来了。他们也各自拿了一块巧克力放到嘴里。大家补充了能量，都振奋起来。

吃完了巧克力，怪博士继续开讲。

地球上最大的湖泊是哪一个呢？它的名字叫"里海"。虽然名字中带有一个"海"字，但它只是一个大的内陆湖。

这个超级大湖是咸水湖，位于亚洲与欧洲的交界处，目前面积约 37 万平方千米。湖形狭长，最深处约 1000 多米。

它最早与黑海和地中海是相连的，同属古地中海。后来在地球的板块运动中，古地中海的面积不断地缩小，最终它便变成了一个独立的大湖。

那个大湖的资源也非常丰富，拥有大量的石油和天然气资源。

地球上最大的淡水湖，是苏必利尔湖。它位于北美洲的美国与加拿大交界处，面积约 8.2 万平方千米，最深处约 406 米。

中国也有一个非常大的淡水湖，它就是鄱阳湖。它位于长江中下游，面积 2933 平方千米。

而且那个大湖还特别秀美，在那儿生活着许多的黑天鹅、白天鹅和鸿雁等珍禽。中国濒临灭绝的长江江豚，有的就生活在那个地方。

三个孩子听到这儿，都对鄱阳湖产生了浓厚的兴趣。

夏语非常喜欢黑天鹅和白天鹅。当她得知长江江豚也生活在鄱阳湖，就特别想去那儿看看。

她的脑海里浮现出这样一番景象：

她和云飞扬、章树叶一起去了鄱阳湖。他们在那儿看见了很多黑天鹅和白天鹅，那些天鹅都围绕着他们飞翔。

在他们面前的湖水中，还有十几只长江江豚聚集在那儿欢快地游动，就像是在欢迎他们的到来一样！

那个场景，真是美极了！

鄱阳湖候鸟

地球上有
哪些超级大峡谷

地球上最长的大峡谷在哪儿呢？它就在非洲的东部，被称为"东非大裂谷"。

这条大峡谷，就像是被"天神"之剑狠狠地划出的一道巨大的伤痕。它全长大约 6500 千米，平均宽 48~65 千米，深达 1000~2000 米。

这条大峡谷是怎么形成的呢？

在 3000 多万年前，地球发生了一次局部的板块运动。在巨大的地核能量推动下，这一地区不断地被撕裂，从而形成了这条大峡谷。

这条大峡谷也是一条天然的蓄水渠道，大部分非洲的超级大湖泊，包括著名的阿贝湖、沙拉湖和图尔卡纳湖等，都集中在它的旁边。这条蓄水渠道，也成了非洲大地上众多野生动物极其重要的栖息地。

不过，地球上最深最险的大峡谷在中国，它就是雅鲁藏布大峡谷。它的最大深度，竟然达到了大约 6009 米。两侧的山体，都

如斧劈刀削一样，无比险峻。人若走在这条大峡谷中，会有一种天将崩塌的感觉，好像自己会被瞬间埋掉一样。

这条大峡谷，也是因喜马拉雅山脉的地质运动和江水冲刷而形成的，全长 504.6 千米。

根据地质学家的考证，这条大峡谷，生长着种类极其繁多的野生动物和植物，是地球上生物多样性最为显著的区域，被誉为"生物资源基因库"和"天然植物博物馆"。

也因为这一地带的地质现象具有无与伦比的多样性，所以这儿还被称为"罕见的地质博物馆"。

三个孩子听到这儿，知道了地球上还有那样一道巨大的"伤痕"；而最深最险的大峡谷，竟然就在中国！

人物冒泡

章树叶的脑海里浮现出这样一番景象：在怪博士的带领下，他们去雅鲁藏布大峡谷探秘。他们在那儿见到了许多从未见过的珍禽异兽，以及令人应接不暇、无比震惊的壮丽景观。他们还在实地考察中，学到了不少地理和生物知识，极大地拓宽了视野。

雅鲁藏布大峡谷

30

地球上有
哪些超级大瀑布

　　地球上落差最大的瀑布是哪一条呢？它的名字叫安赫尔瀑布。它位于委内瑞拉境内的一处高山密林中，那儿地貌非常奇特，犹如仙境。

　　那条瀑布气势磅礴，雄伟壮观。最大落差，竟然达到979米，真可谓"疑似银河落九天"！

　　而且那条瀑布上面，还经常出现七色彩虹，无比美丽与奇幻！

　　关于那条瀑布的发现，也有一个很有趣的故事。

　　相传在几十年前，有一位资深的美国探险家，向一位美国飞行员讲述他的寻宝故事。他说他知道一个大秘密：在委内瑞拉的一处无人知晓的密林中，藏有一条有很多黄金的小溪。

　　那位飞行员名叫詹姆斯·安赫尔，他非常相信那位探险家的话。在那位探险家的请求下，詹姆斯·安赫尔用飞机送他去了委内瑞拉，并找到了那条小溪，还真在那儿捞出了不少黄金。

　　那位探险家要詹姆斯·安赫尔保守这个秘密，不能将那个地方告诉任何人。詹姆斯·安赫尔也爽快地做出了承诺。

他们回到美国后，那位探险家不久就病逝了。詹姆斯·安赫尔又于1937年10月9日单独驾驶飞机来到了委内瑞拉。他在寻找那条小溪时，竟然意外地发现了那条大瀑布。

可不幸的是，后来他的飞机出了事故，机毁人亡。人们为了纪念他，便将那条大瀑布命名为安赫尔瀑布。

不过，地球上最宽的大瀑布，是位于巴西与阿根廷交界处的伊瓜苏大瀑布。这条大瀑布呈马蹄形，宽度达4000米，落差62~82米。

中国最大的瀑布是黄果树瀑布。它位于中国贵州省镇宁布依族苗族自治县境内，宽81米，落差74米。

三个孩子听到这儿，都非常想去参观那些大瀑布。

伊瓜苏大瀑布

云飞扬的脑海里浮现出这样一番景象：

他们三个孩子在怪博士的带领下，去参观地球上最宽的伊瓜苏大瀑布。章树叶不顾劝阻，非要跑到大瀑布边上去拍照，结果一不小心，掉到大瀑布里面了。

他被吓得魂飞魄散，哇哇狂叫，好在很快就被那儿的救生队员救了起来。他被挂在一架直升机的拉钩上拉出了水面，全身湿漉漉的，经风一吹便瑟瑟发抖。他紧紧地抱着那个拉钩，就像只可怜兮兮的猴子一样。

115

③①

地球上有
哪些地震多发地带

地震是一件特别可怕的事情，几乎每次大地震，都会造成重大的人员伤亡：1923 年日本关东大地震，大约有 10 万人失去性命；1976 年中国唐山大地震，24.2 万多人失去性命；1988 年亚美尼亚大地震，毁坏了三座城市，大约有 5.5 万人失去性命；2008 年中国汶川特大地震，约 6.92 万人失去性命……

地球每年平均会发生多少次地震呢？ 这个数字说出来很吓人：大约有 500 万次。

不过绝大多数的地震，都是轻微地震，人类是很难感觉到的。只有一些较大的地震，才会对人类造成灾难。

科学家将地震强度分成了 10 级，凡是 5 级以上的地震，都称为强烈地震。

地球上有哪些地方经常发生地震呢？

要弄清楚这个问题，首先得了解地球的板块构造。因为地震的发生，可能都与地球的板块构造有关联。

现在地球上共有六大板块，即太平洋板块、亚欧板块、非洲板

块、美洲板块、印度洋板块和南极洲板块。大部分大地震，都发生在这六大板块的交会处，由此形成了三条地震带：

第一条是环太平洋地震带。这条地震带，主要分布在太平洋的大陆与岛屿的边缘地区，全长大约4万千米。

这条地震带呈马蹄形，环绕着太平洋沿岸，跨越了五大洲几十个国家，是地球上规模最大的一条地震带。地球上绝大多数的大地震，都发生在这条地震带上。中国台湾也处在这条地震带上。

第二条是喜马拉雅山脉与地中海的地震带，全长大约2万千米。地球上大约有15%的大地震，都发生在这条地震带上。中国的云南、西藏和四川，也处在这条地震带上。

第三条是洋脊地震带，它是沿着海底的山脉分布的，其中包括太平洋、大西洋和印度洋中的海底山脉。它从西伯利亚北部海岸开始，横穿北极，跨越冰岛；然后经大西洋中部延伸至印度洋，再分为两小支，一支伸向非洲的东非大裂谷，一支伸向北美洲的落基山脉。

三个孩子听到这儿，对地球上的地震带有了很深刻的了解：原来地球上主要分布着三条地震带。

地震灾害

人物冒泡

云飞扬想：地球上有这么多大地震，有什么办法可以防灾减灾呢？

他的脑海里浮现出这样一番景象：

他通过刻苦学习，发明了一种用特殊材料建造的智能房屋。这种房屋有很多神奇的功能，能够自行移动，还能对很多灾害提前发出预警。地震震不倒它；泥石流冲不倒它；即便遇到大水，它也能漂浮在水面上。有了这种房屋的保护，人们就能避免很多的灾难。

地球上 5 个
很神奇的地方

    地球上有 5 个神奇的地方。第一个是圭亚那高原。它位于南美洲的东北部，跨越了圭亚那、哥伦比亚、委内瑞拉、苏里南、巴西等多个国家，总面积大约 120 万平方千米；地质年龄大约有 18 亿年；是地球板块运动中，最早从水中冒出的一批火山岩体。

    那个高原，是由 100 多座高高的平顶山组成的。那些山体极其奇特，周围都是悬崖峭壁，非常险峻。山顶上面，却像是被神斧削平了一样，竟然是一块块平地。

    其中有座最大的山，叫罗奈马山。那座山顶更加平坦宽阔，仿佛是一个巨大的停机坪。那种古怪的地形地貌，恍若是另一个世界。当地的人称那个地方为"上帝的家"，或"梦中的天堂"。

    在那些山体的周围，还生长着大片的热带雨林。每到雨季，几乎天天都是电闪雷鸣，大雨滂沱。雨后又会出现大量的云雾。在云雾缠绕当中，那些山体时隐时现，显得更加梦幻。

    英国的侦探小说家柯南道尔，还以那个地方作为背景，写了一部著名的小说《失落的世界》。在那部小说中，描述了一位脾

气火爆的教授，率领一支探险队深入那片平顶山区，在那儿发现了很多的史前恐龙和凶狠的猿人，最后他还捕获了一只翼手龙带回到伦敦。

这部小说也为那个地方增添了不少的神秘色彩。

圭亚那高原

第二个是中国的张掖丹霞地貌。它位于中国甘肃省张掖市临泽县以南的 30 千米处。那是一片特别奇妙的丹霞地貌地带，总面积大约 536 平方千米。其中的七彩丹霞地貌，大约有 200 平方千米。冰沟丹霞地貌，大约有 300 平方千米。

那片丹霞地貌，为鲜艳的丹红色和红褐色，主要是由色彩鲜艳的砂砾岩构成，大约形成于 2 亿年前。这一特殊地貌沿着一条小

河分布在两岸的上千座山峦中，总体规模非常宏大，且兼有雄、奇、险、幽等特点。

那片丹霞地貌还分成了南北两大群落。北群以清晰的纹理见长，南群以艳丽的色彩称奇。并形成了许多的奇观，有七彩峡、七彩塔、七彩屏、七彩湖和七彩大扇贝等。真可谓是千山相连，万岭争艳，气势磅礴，妙不可言。当地人称那儿为"阿兰拉格达"，意为"红色的山"。

那儿似乎是一座天然的颜料宝库，仿佛世界上的一切色彩，都源自那座宝库。那儿是中国最神奇的地方之一，也是世界上丹霞地貌发育最完美、造型最奇特、色彩最斑斓、区域最广阔、感觉最奇幻的地方。

甘肃张掖丹霞地貌

土耳其棉花堡

只要踏入那个地方，就如同进入了一个光怪陆离的七彩世界，会让人油然地产生一种无比喜悦的心情。

第三个是土耳其的棉花堡。它位于土耳其代尼兹利市的北部，是一座奇幻般的天然温泉山丘。

那座山丘高度约 160 米，坡长约 2700 米，整体都是纯白色，就像是有人在上面堆了一层厚厚的棉花。

在这座山丘上，还有很多的天然水池。那些水池如玉盘一样，错落有致地排列开来。碧蓝的温泉漫过那些水池，就像是天上的

琼浆玉液，流淌到了人间一样。

在金色的夕阳照耀下，那儿还会幻化出另外一番景致。那座山丘很像一朵圣洁的莲花灿烂地绽放，宛如仙境一般。

那儿的云海也非常奇妙，有时竟会闪烁出孔雀蓝的光泽。

那儿是一处世界上极其少见的地理奇观，是世界上最神奇的地方之一，也是人们最值得前往参观的地方。

那儿还有个美丽的传说：相传有个叫安迪密恩的牧羊人，他为了与希腊月神幽会，竟然忘记了挤羊奶，结果导致羊奶恣意横流，盖住了那座山丘，让它变成了这个模样。

那儿是享誉盛名的温泉胜地。大约在公元前几百年，那儿就建立了最早的温泉场。至今那儿还留存着一些古城堡、古浴场、古竞技场和古剧场等遗迹。

第四个是撒哈拉之眼。它位于非洲撒哈拉沙漠西南的毛里塔尼亚境内，是一个由沙子和泥土构成的巨大凹底。

这个凹底形状非常奇特，就像是一只睁得圆圆的大眼睛，神秘地凝视着天空。

这只大眼睛有多大呢？它的直径大约有 48 千米，堪比一座大城市。只有乘飞机飞到高空，才能看清它的全貌。

这儿是世界上独一无二的沙漠奇观，也是世界上最神奇的地方之一，还是世界上一个至今都未解开的地理之谜。

撒哈拉沙漠之眼

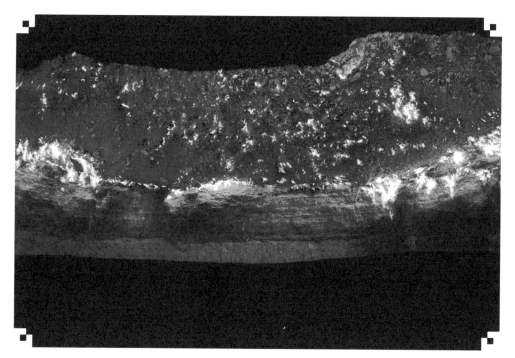

地狱之门

第五个是地狱之门。它位于土库曼斯坦境内的卡拉库姆沙漠腹地，直径大约 70 米。

它的出现也很诡异。1971 年，苏联的一些地质专家曾在那一地区勘探地质。当时那儿发生了塌陷，形成了这个大坑。

由于坑内有大量的天然气泄漏，为了避免发生爆炸，于是地质专家就在那儿点了一把火。没有想到那把火，竟然连续燃烧了 50 年，直到今天也没有熄灭。

现在人们很难靠近那个大火坑，因为坑内散发的热气流，会瞬间将人灼伤。由于已无法熄灭那坑内的大火，所以那儿被人们称为"地狱之门"。

我们每时每刻
都在飞行

我们再来讲个有趣的话题。或许每个人都曾有过这样的幻想：希望自己能像鸟儿一样飞起来！

其实这个幻想我们早就实现了。只是我们不是像鸟儿那样飞行；但我们的飞行速度，可比鸟儿快多了。

为什么这样说呢？因为地球每天都载着我们在飞行，即便我们现在坐在这儿没有动，我们的飞行却从未停止。

我们还不是朝着一个方向飞行的，而是以一种让人眼花缭乱的奇怪路线在飞行。

我们到底是以什么样的路线向前飞行的呢？飞行速度又有多快呢？关于这个问题，我们来好好捋一捋。

地球载着我们环绕太阳飞行的速度，大约是 30 千米 / 秒。

太阳系载着我们地球，环绕着银河系中心飞行的速度，大约是 250 千米 / 秒。

银河系还载着太阳系，奔向宇宙中的一个神秘区域，就是那个叫"巨引源"的地方，速度大约是 600 千米 / 秒。

如果把这些飞行的方向描绘出来，便能看出我们飞行的是什么线路。如果把这些飞行速度叠加起来，就能知道我们每秒飞行多少千米了。

为什么地球载着我们以如此之快的速度飞行，也不会把我们甩出太空呢？

那是因为有地球引力的保护，我们才能安然无恙。

再说，地球与太阳之间，太阳系与银河系之间，以及太空中所有的星球之间，都达到了一种天体在高速运行中的完美平衡。所以任何一方，都不会被甩出轨道。

三个孩子听到这儿，都觉得宇宙太奇妙了：原来大家每天都在太空中飞行！如果按那些数据计算，每个人都可能飞行了无数千米了！

太阳系

章树叶想，他从小就幻想着自己能像鸟儿一样飞起来，没想到自己真的每天都在"飞行"。

他的脑海里浮现出这样一番景象：

怪博士制造了一架智能飞机，它能够像鸟儿一样自由升降，不需要任何机场。怪博士每个星期天，都驾着那架智能飞机，载着他们三个孩子在天空中飞行。有一天，他们飞过位于湖北省西部的神农架时，竟然发现有几个野人，在向他们招手示意。

34

地球
未来将会怎样

我们的地球，未来会变成什么样子呢？ 可能会变得非常可怕！

根据科学家推断，地球的寿命大约只有 90 亿年，现在已经过去了大约 46 亿年，还剩下大约 44 亿年。

但是地球上的所有生物，可能会在地球的寿命终结之前，就在一系列的大劫难中全部消亡。

这是为什么呢？ 因为地球的寿命，完全受控于太阳，会随着太阳的变化而变化。那么太阳未来将会有哪些变化呢？

正如上周在宇宙知识课中所讲的那样，太阳会在大约 20 亿年后，发生一些巨大的变化。那时太阳内部的氢元素，大部分已被耗尽。太阳开始发生膨胀，热量迅速增高，这可能会使地球的表面温度，再增高 40~50℃。到时地表的平均温度，可能会达到 60~70℃。

在那样的高温烘烤下，地球上的所有冰雪将全部消融，液态水将全部蒸发。地球会变成"人间炼狱"，遍地都似烈火烧烤，所有生物都难以生存。

30亿～40亿年后，太阳可能会膨胀到现在的100～200倍，并变成一颗红巨星。它会将身边的水星和金星，甚至地球都吞噬掉。

即便地球能逃过那一劫，也会在太阳强大作用力的影响下，失去所有的磁场和大气。没有了那些磁场和大气，地球上所有的生命都会消亡。

大约到了50亿年后，太阳将耗尽全部能量，开始出现整体崩塌；最后，可能会变成一颗白矮星，直至消亡。

那个时候，地球即使依然存在，也会因为失去了太阳的引力，从而偏离原有的轨道。它可能会冲向太空，成为一颗流浪星球，在太空中漫无目的地游荡。它或许会在撞击其他星球时消亡，也或许会在土星和木星的引力撕裂中毁灭。

三个孩子听到这儿，都感到非常害怕：原来地球的未来命运，可能会是这样的！

云飞扬想：有什么办法可以拯救地球呢？

他的脑海里浮现出这样一番景象：全世界的科学家通力合作，终于在地球遭受毁灭的前一刻，研究出了一种巨能机器；这种机器可以推动地球飞离太阳系，飞到宇宙中的一个安全地带，从而让地球继续孕育各种生命。

故事后的 故事

　　怪博士讲到这儿，关闭了面前的手提电脑，说道："关于地球上的知识，讲到这儿就全部结束了。要说明一点，我刚刚讲的很多知识，是目前一些科学家的科学论点，并不一定是唯一的、准确的科学结果，需要进一步地研究与证实。

　　"另外，如果你们还想知道关于人类的知识，我会在下周六同一时间的课堂上等候大家。到时，我会将人类是怎么出现的，人类经历了哪些演化过程，人类为什么会变成现在的样子，人类有哪些神奇的地方，以及人类未来将会怎样等许多与人类相关的知识讲给你们听。你们说，好不好？"

　　三个孩子听完，都非常高兴，一个劲儿地拍手叫好。

　　事情就这样定下来了。怪博士拿起电话，通知云飞扬的爸爸来接三个孩子回家，愉快的地球知识课堂，到此结束。

附录

地球诞生，随后月球诞生，地球进入火球时代。

大约距今46亿年

大量天体撞击地球。

大约距今43亿年

遭遇约1000万年倾盆大雨，大水淹没地球，地球进入水球时代，生命随之诞生。

大约距今40亿年

地球磁场开始形成，地球生物有了一道保护层。

大约距今34.5亿年

地球第一次大冰期出现。

大约距今26亿年

地球发生第一次大规模板块运动，即造山运动，有很多山体从海洋中冒出，多细胞生物出现。

大约距今21亿年

哥伦比亚超大陆形成，地球进入地理环境多样化时代。

大约距今18亿年

罗迪尼亚大陆形成。

大约距今11.5亿年

蓝细菌经过20多亿年的造氧活动，地球拥有了丰富的氧气。

大约距今9亿年

133

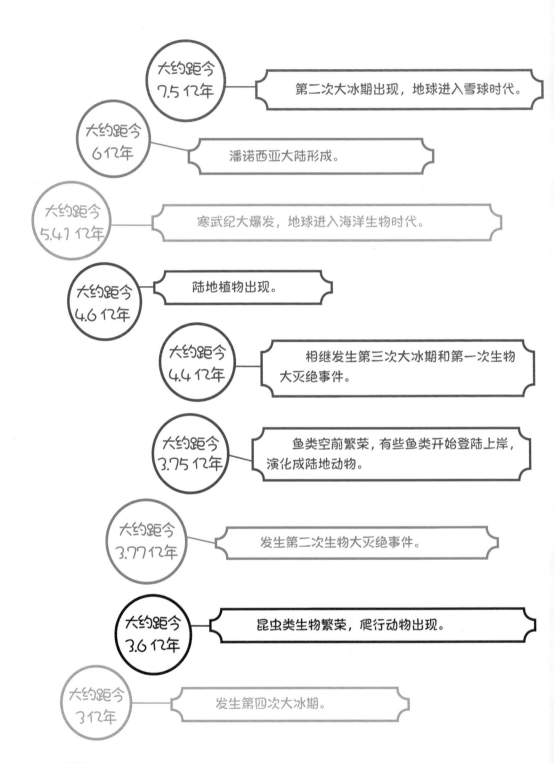

大约距今 7.5 亿年 — 第二次大冰期出现，地球进入雪球时代。

大约距今 6 亿年 — 潘诺西亚大陆形成。

大约距今 5.41 亿年 — 寒武纪大爆发，地球进入海洋生物时代。

大约距今 4.6 亿年 — 陆地植物出现。

大约距今 4.4 亿年 — 相继发生第三次大冰期和第一次生物大灭绝事件。

大约距今 3.75 亿年 — 鱼类空前繁荣，有些鱼类开始登陆上岸，演化成陆地动物。

大约距今 3.77 亿年 — 发生第二次生物大灭绝事件。

大约距今 3.6 亿年 — 昆虫类生物繁荣，爬行动物出现。

大约距今 3 亿年 — 发生第四次大冰期。

盘古大陆形成，并发生第三次生物大灭绝事件。

大约距今 2.51 亿年

发生第四次生物大灭绝事件。

大约距今 2 亿年

盘古大陆开始破裂，经过 1 亿多年的板块运动，地球变成今天的模样。

大约距今 1.5 亿年

发生第五次生物大灭绝事件，恐龙消亡。

大约距今 0.65 亿年